二十年实践与思考的心血之作

预见
中国茶

THE FORESIGHT TO CHINA TEA

欧阳道坤　著

中国茶，
既不能古为今用，也没有洋为中用，
我们都在路上。

电子科技大学出版社

University of Electronic Science and Technology of China Press

·成都·

图书在版编目（CIP）数据

预见中国茶 / 欧阳道坤著.—成都：成都电子科大
出版社，2024.8
ISBN 978-7-5770-0985-8

Ⅰ．①预… Ⅱ．①欧… Ⅲ．①茶文化－研究－中国 ②茶
业－产业发展－研究－中国 Ⅳ．①TS971.21
②F326.12

中国国家版本馆CIP数据核字(2024)第068968号

预见中国茶
YUJIAN ZHONGGUO CHA
欧阳道坤　著

策划编辑　段　勇　岳　慧
责任编辑　魏祥林
责任校对　杨梦婷
责任印制　段晓静

出版发行　电子科技大学出版社
　　　　　成都市一环路东一段159号电子信息产业大厦九楼　邮编 610051
主　　页　www.uestcp.com.cn
服务电话　028-83203399
邮购电话　028-83201495

印　　刷　成都理想印务有限公司
成品尺寸　170mm×240mm
印　　张　18.5
字　　数　260千字
版　　次　2024年8月第1版
印　　次　2024年8月第1次印刷
书　　号　ISBN 978-7-5770-0985-8
定　　价　76.00元

一杯茶，

中国人喝了几千年，

这杯茶，

中国人还会喝多少年？

序一

茶产业是我国传统优势产业。茶为国饮，关乎中华优秀传统文化的发扬光大，关乎人民对美好生活的向往与追求，关乎国计民生的长远大局。在历史上，作为我国的重要战略性物资，茶在经济和社会各方面都发挥过重要作用，在今天，茶产业更是与多项国家战略紧密相连。

21世纪以来，我国茶产业快速发展，六大茶类争奇斗艳，科技、文化比翼齐飞，茶叶品牌快速成长，茶园面积、茶叶产量、消费人群、人均消费量都持续快速增长，多项指标均居世界前列，开创了中国茶业发展的一个新的辉煌时代。

在茶产业取得辉煌成就的同时，我们也应看到，我国当前的茶产业面临诸多挑战，比如在茶园面积、茶叶产能持续增长的形势下，茶产业也面临结构性过剩、出口增长乏力、产业集中度低、资源利用率低、经济效益亟待提升等问题。习近平总书记关于"要统筹做好茶文化、茶产业、茶科技这篇大文章"的重要指示为新时代中国茶产业的高质量发展指明了方向和路径。

我从事茶叶科教工作几十年，对科技进步在茶产业发展中的作用和贡献体会很深，同时我也深切感受到，茶产业的发展、茶产业链价值的提升和行业综合效益的提高，需要大力推进产业化、集约化和品牌化的进程。因此，我在很多场合谈到茶业科技创新的同时，也时常谈及产业创新、业态创新、品牌创新和营销创新等话题，以期拓宽大家的创新思路，期待茶行业的同仁们以更开阔的视野吸收不同学科，甚至其他行业的知识和经验，共同推进中国茶产业的现代化进程。

道坤同志从事茶业20余年，对茶产业具有很强的使命感，是一位专注、睿智、勤奋的行业观察者、研究者、实践者和推动者。他早年在大型茶企业任高管，实际操作了茶叶的品牌化营销工作，同时对中国茶业进行全面、深入的观察、分析和思考，形成了诸多独特见解，并在各种媒体上发表了一系列有关文章，受到业内广泛关注。

这本《预见中国茶》是他多年观察、学习、思考、研究和实践的一项系统性整理和阶段性总结，其中不少提法和观点很有独创性，对一些产业问题的梳理和提炼兼具理论性、实践性、针对性，提出的一些建议具有较强的可操作性，这些对茶行业的研究者、管理者、生产者和经营者都将有重要启发。

希望道坤同志继续专注于这项很有意义的工作，不断修正、完善和深化书中的观点，为茶产业的发展和进步贡献思想的力量。

中国工程院院士

湖南师范大学校长

湖南农业大学学术委员会主任

刘仲华

2024年1月10日

序二

茶起源于中国，历经数千载的沉淀和升华，已成为文化内涵深厚、产业外延宽广的时尚健康饮品，惠及世界数十亿人，是名副其实的国际化饮料。中国茶蕴含了农耕实践、劳作智慧和民族记忆，在不同历史阶段的经济社会发展中均发挥了重要作用。进入新时代，茶产业在巩固拓展脱贫攻坚成果同乡村振兴有效衔接中发挥着重要作用。

2021年3月，习近平总书记作出"要统筹做好茶文化、茶产业、茶科技这篇大文章"的重要指示，为中国茶业发展指明了方向、提出了要求。中国茶业高质量发展，就是要以市场为导向、以企业为主体、以质量为基石、以品牌为引领、以创新为动力，促使茶产业从规模效益向质量效益、绿色效益、品牌效益转变，加快开创中国茶业现代化新格局。

近年来，随着茶产业规模的持续增长，发展中的一些制约因素也日益凸显。例如，如何促进传统销售渠道转型，构建现代市场体系？如何以"茶+"的思路开展跨界融合？如何加快产品、业态、品牌和营销等各方面的创新？……所有这些，都需要全行业积极探索、协作共进。欧阳道坤的《预见中国茶》一书就是这些探索中颇具价值的一个成果。

欧阳进入茶行业不算太早，我对他的了解始于工作中的交流和一些茶行业观察文章。他在河南信阳一家大型茶企任高管期间，深入研究了中国茶的品牌与营销，并将研究成果应用于市场实战，取得了一定的成绩，更将工作中的体会和思考写成文章在多家媒体上发表，在行业内引起了较大反响。近十年来，他转型为茶行业的专职观察者、思考者和探索者，同时还为多家茶企提供企划咨询服务，用商业实践来验证和完善他的思考和见解。《预见中国茶》是他这些年探索、思考和实践的一个小结，让积累中的经历，转化为对中国茶业发展的求索。

　　我认为，《预见中国茶》至少有三个方面的鲜明特色：一是针对性强。作者文风凌厉，观点鲜明，提出了很多富有启发性的新观点、新思路，比如中国茶的金字塔理论、中国茶品牌的四大类型、中国茶的两种产业链模式等，这些都有别于正统经济学理论的架构，却更符合行业特点。二是涉猎广泛又主题突出。本书从茶的物质特征和文化属性谈起，论及产品、品牌、消费、文化、营销等诸多方面，围绕中国茶的价值实现这一终极目标梯次展开，步步深入。三是注重与实践结合。作者这些年聚焦茶农、茶商和茶企的产业实践，努力探求中国茶产业、茶商业和茶消费的逻辑关系，这有别于书斋式的理论研究，其观点与阐述更为生动。

　　因为篇幅所限，作者的很多观点未能充分展开，有些观点也需要进一步检验和修正，但这并不影响本书是茶领域一本立场鲜明、蕴含新意、兼具温度的专著。本书定会引发行业的更多思考与尝试。

　　我期望有更多关于茶产业、茶商业和茶消费方面的成果和专著问世，这些都是推动中国茶业不断进步的重要力量。

中国茶叶流通协会会长

全国茶叶标准化技术委员会主任委员

2024 年 1 月 10 日

自序：我们都在路上

茶从哪里来？

在人类从采集、狩猎时代走向农耕时代的过程中，中国人发现了茶。在漫长的农耕时代，中国茶走过了药用时期、食用时期和饮用时期。

传统的中国茶，本质上是农业文明的产物。

茶是什么？

是饮品？是食品？是用品？是保健品？还是文化品？……

在中国快速工业化的进程中，我们需要重新认识中国茶，甚至可能需要重新定义中国茶。

茶到哪里去？

这才是我们应该思考，也必须思考的问题。

中国茶，既不能古为今用，也没有洋为中用，我们都在路上。

当我们遇到困难并感到迷茫的时候，我们需要回到原点进行底层思考。

导读 ——

对于这本书，我最先拟出的书名是"预见中国茶"，后来觉得不妥，改为"茶来茶往 —— 预见中国茶"。在一次跟小罐茶创始人杜国楹先生聊这本书的内容和书名时，他建议就用"预见中国茶"，最后本书名由刘仲华院士"一锤定音"。

书中的观点和判断大都是我的个人之见，很多观点是反思性的，倘若引起您的不适，您尽可批评。

这不是一本专门讨论茶科学和茶技术的书，也不是一本专门讨论茶历史和茶文化的书，只是一本专门讨论茶产业、茶商业和茶消费的书。一些涉及茶科学、茶技术或茶历史、茶文化的内容，也都属于我个人的认识和理解。

未来是不确定的，我努力在不确定中思考和讨论确定的事情。对于很多话题，我没有系统展开和详尽讨论，只是列出了话题的内容结构并进行了简要表述，因为不同茶类、不同茶区、不同业态、不同茶企业，在不同的发展阶段，其内容差别会很大，如果详尽展开讨论，篇幅就会很长。

书中所说的"中国茶"，主要指的是中国原叶茶，包括中国名优茶。只在个别章节中提到了中国原叶茶的延伸产品和衍生品。

我希望各个话题独立成章节，但要达成这一目标很难，所以在不同的章节中，我可能会提到同一个话题，但角度有所不同。

第二章"中国茶的金字塔理论"是我认识和讨论中国茶的一个框架，读者朋友可以先对其进行简单浏览，等看完其他章节以后再回来看这一章，可能会更清晰地理解这个金字塔框架。

我从事茶产业20余年，中国茶一直在发展，我对中国茶的认识和思考也在不断加深，对于某些观点我还在不断纠偏、纠错，所以这本书是1.0版，未来我会不断将其修订和补充为2.0版、3.0版……

我分析了中国茶走向未来的诸多难点，但在书中只是简要表述了我的解决思路，并没有给出完整的解决方案，主要是不希望误导读者朋友，我希望读者朋友一起来思考、讨论和探索，也真心期待读者朋友的批评。

写在前面 ——
我对中国茶的几点认识

"神农"也许是个传说，
但"尝百草"可能是真的。
中国人发现茶、利用茶，或许是在八千年之前。

大约在八千年前，我国的祖先走出原始森林，从采集、狩猎时代进入农耕时代。在迁徙过程中，人们需要解决食物问题，于是开始大量尝试植物的人工种植和动物的人工养殖。在尝试的过程中，"日遇七十二毒"，前赴后继，人们偶得一种"仙草"，不仅无毒、能吃，还能解毒、治病，而且可以人工种植。

茶，或许就是在这个时期被我国的祖先发现和利用的。

发现中国茶，
是一种偶然，
还是一种必然？

茶是一种植物，炒茶是将茶鲜叶脱水使其成为干茶（得益于人类对火的运用），泡茶是将干茶复水，以浸出干茶中的水溶物质，饮用之。

发现茶，也许是一种偶然，但接下来就是必然了：炒茶可以使茶鲜叶脱水而成为干茶，一是为了存放，解决喝茶的时间问题，可以随时饮用；二是为了运输，解决喝茶的空间问题，可以将茶携带到异地饮用。针对各地的各种茶鲜叶，为了减轻苦涩、增加香气，还为了提高"颜值"，各种各样的炒茶工艺和泡茶技术应运而生，人们还为此发明了很多泡茶器具。

可以想象，在经验主义的农耕时代，不断改进炒茶工艺的过程是一个多么漫长的摸索和试错过程，一代又一代的制茶人为此付出了多少汗水，倾注了多少心血，融入了多少智慧。

类似茶这样可以种植、脱水、复水的植物有很多，唯独茶的脱水工艺（炒茶）和复水技术（泡茶）如此多样，如此精湛。

如果说因为茶鲜叶的多样性，就必然有炒茶工艺的多样性，也就必然有泡茶技术的多样性，那么，在种茶、炒茶、泡茶和喝茶过程中衍生出来的中国特有的茶文化，是一种偶然还是一种必然呢？2013年，《茶，一片树叶的故事》剧组在杭州邀请多位茶文化学者举行座谈会，我在会上提出了以上思考。

随着人们对茶的认识不断加深，中国茶的品种、种植、加工、冲泡、饮用以及对茶的全价值利用，都正在走向必然。

中国茶，
科学的叶子，
人文的汤。

在进入现代以后，人类从自然王国开始走向必然王国，茶也就不再神秘了。

从茶树品种的改良与培育、茶树栽培与茶园管理、茶叶炒制与加工、茶产品包装与储存、茶的冲泡，到茶的内含物质、茶对人体健康的作用及其机理等，都得到了认识和研究，并且这些认识和研究还在不断加深，相关的技术也在不断进步。

这片曾经很神秘的东方树叶，现在已经是一片"科学"的叶子了。

但是，中国人喝茶有别于西方人喝茶，西方人更加注重喝茶的功能性，而中国人更加注重喝茶的感官感受，还在茶之上附加了诸多中国文化。

所以，对中国人来说，茶是科学的，更是人文的，可以滋养生命，可以愉悦精神，可以启迪人生。

"人文的汤"给茶品牌及茶营销拓宽了想象和发挥的空间。

"文化茶"喝的是仪式感，
"生活茶"喝的是便捷性。
便捷性常有，
而仪式感不常有。

如果把"琴棋书画诗酒茶"中的茶称为文化茶，把"柴米油盐酱醋茶"中的茶称为生活茶，那么，消费者对这两类茶的价值认知、价值诉求和喝茶方式都有很大的不同。

过去的二十多年间，文化茶有了长足的发展，有些文化茶在茶的产区、茶的品种、茶的制作工艺、茶的历史故事、茶的包装、茶的品牌，以及喝茶的空间环境、人文氛围、泡茶器具、泡茶用水、泡茶流程、泡茶技术与艺术等方面做到了极致。而到了近几年，生活茶的品牌化才逐渐被重视。生活茶在产品性价比、标准化、稳定性，以及品牌年轻化、亲民化，尤其是在各种活动场景（生活、工作、社交、休闲）中的便捷性等诸多方面，还有很长的路要走。

仅靠"仪式感"的噱头就试图将文化茶推向现代人的日常工作与日常生活的各种努力，不仅不会成功，还会把中国茶推向不归路。

每天给自己一杯茶的时间。

这是我于2011年9月28日在微博上写的一句话。

工业化、信息化、智能化并没有让人们清闲下来，反而工作越来越忙，生活节奏越来越快，正因如此，人们更需要短暂地停歇，让灵魂跟上脚步。

每天给自己一杯茶的时间，我们都需要，我们都做得到。

茶，只是生活的配角。

无论是"琴棋书画诗酒茶中"的茶，还是"柴米油盐酱醋茶"中的茶，都是文化的一种载体、社交的一种媒介、礼仪的一种表达、情谊的一种体现、解渴的一种饮料、健康的一种辅助……茶，永远只是生活中的配角，当然，对于以茶谋生的人则是例外。

任何把喝茶设定为生活主角的商业模式都是自作多情，大概率不会成功。

中国茶的终极命题：用什么方式喝什么茶。

这个终极命题包含了两个问题：喝什么茶？用什么方式喝茶？

中国人利用茶的历史，包括生嚼和外敷的药用时期、煮茶粥和拌茶菜的食用时期、煮茶汤和泡茶水的饮用时期。其中，伴随着茶叶炒制技术和工艺的不断改进，茶叶的色、香、味、形和茶叶的产品形态都在不断发生着变化。

中国人喝的茶一直在变化，这个变化不会止步。

与此同时，中国人喝茶的方式也一直在变化，这个变化也不会止步。

向哪个方向变呢？又怎么变呢？

过去的变化逻辑是：在生产上，劳动强度更低、劳动效率更高；在产品上，茶叶更好喝、更好闻、更好看、浸出的有益物质更多，在喝茶方式上，泡茶和喝茶的方式更便利、更简捷。

未来，中国人喝的茶及喝茶方式的变化会加快，但上述的基本逻辑不会变，只是会在不同要素的组合及其取舍上有不同的妥协。

中国茶，创新才有未来。

中国茶的高歌猛进，大约是从2000年开始的。

1978年，我国迎来了改革开放，以经济建设为中心，解决人民的温饱问题，同时让一部分人先富起来。

21世纪初，我国经济已经有了20多年的高速发展，当时大部分人的温饱问题已经解决，也出现了"先富起来"的一部分人。同时，中国正式加入WTO，政治、社会、经济、文化等空前活跃。

在这样的背景下，更多的中国人，端起了茶杯。这一时期，消费的主力是"50后"和"60后"的人群，他们在政界、商界及各个行业和领域都是主力，他们对中国茶心有情结。当中国茶广泛进入他们的工作、生活、社交中，中国茶消费迎来了空前的繁荣，一度出现"只买贵的，不买对的"的茶消费奇观。在生产端，很多茶产区敏锐地抓住了这个机会，大幅扩大茶叶的种植面积，提升茶产能，加大宣传，加强营销。

今天，"50后"和"60后"的人群正在从消费主力中退出，"70后"和"80后"承上启下，"90后"全面登场，但他们远没有"50后"和"60后"那样对传统中国茶情有独钟。

中国茶的消费者在大规模迭代，与此同时，中国茶的生产者和经营者也在大规模迭代。

中国茶，必须在产品及其生产方式、喝茶方式、品牌形式及市场营销等多方面进行全面创新，才会走向未来，才会拥有未来。但是在我看来，作为数千年流传下来的"一片叶子"，中国茶只有微创新、小创新，只能"小步快跑"，没有所谓的"颠覆式创新"，所有的"颠覆式创新"都是伪命题，也必将成为"先烈"。

中国茶正处在整体转型期，这个周期不会短，中国茶的从业者要保持耐心，保持定力和毅力。

中国茶，

叶富茶农，

汤泽众生。

中国有上千个产茶县（区），它们大都位于山区和丘陵，种茶是茶农的生计之举和致富之路。2014年，在国务院公布的832个国家级贫困县中，有337个贫困县以茶产业为脱贫产业，其中有超过100个县以茶产业为支柱产业。

如今，喝茶的健康性被越来越多的人所认识和接受。茶可以是饮品、食品，还可以是文化品。中国茶，是从眼里到心里的风情，是从舌尖到心间的美味，滋养了中国人的身体和精神。

说到情怀，中国茶从业者的情怀便在于此。

情怀需要商业模式去安放。

怎样让茶农增加收入、提升尊严？

怎样让更多人喝得到茶、喝得起茶？

解决以上问题，需要产业化的商业解决方案。

有言在先——
面向未来的中国茶之问

一、何为中国茶的传统

人类是在进化的，虽然漫长；

文明是在进步的，虽然曲折。

中国茶有数千年的历史，人们从种茶、制茶、卖茶，到买茶、泡茶、喝茶的过程中，形成了与茶相关的独有的技艺、习惯和风俗。

从唐代开始，关于茶的记载便多了起来，也详尽了起来，逐渐形成了体系，划时代的成果就是陆羽的《茶经》。

从唐代开始，一直到现代，制茶的技术、工艺、工具和设备都在变化；制作出来的茶，从色、香、味、形到产品形态和包装方式，从贸易方式、运输方式到交易方式等，一直在变化；人们泡茶的方式、泡茶的器皿、喝茶的风俗习惯也都在变化，其中的有些变化还很大。

现在的中国名优茶，其产区界定、工艺定型、名称确定，大都只有百年左右的历史。

那么问题来了：

在中国茶数千年的变化中，哪些是中国茶的传统呢？哪个朝代的茶代表传统的中国茶呢？

我们要知道：

习俗是用来改变的，

传统是用来打破的。

但是，改变不能只是为了标新立异，不能只是为了打破而去打破，也不能只是为了创新而去创新。

如果一定要说传统，那么在中国茶数千年的变化中，那些保持不变的本质与规律就是传统。

比如，制茶的本质是把茶鲜叶脱水，以满足人们喝茶的时间需求与空间需求，如中国传统的腊肉、腊鱼，在时间上可以存放，在空间上可以运输。鲜叶脱水的具体方法多种多样，这就形成了品类繁多的干茶。泡茶的本质是让干茶复水，满足人们的感官需求、健康需求与精神需求。干茶复水的具体方法也多种多样，这就形成了风味丰富的茶汤。

每个人都有思维和行为上的惯性，一个传统行业也是如此。

我们不能习惯于"他们一直都是这样做的"，而要发问："他们为什么这样做？"

中国茶，在历史上受到人们的认识水平、生产工具、生产技术的限制，形成了特定的生产工艺、生产流程和生产模式。今天的茶从业者应该不断审视、不断反思，从而不断对生产工艺、生产流程和生产模式进行改进，不能把原始当作传统、把落后当作经典。

传承，不是墨守成规。

在产品方面，流传下来的"紧压茶"，在历史上是为了在运输过程中方便堆码、节省空间，但给喝茶带来了很大的麻烦。皇帝中的"劳动模范"朱元璋尽管在喝茶时有专人伺候，但还是深感喝"团茶"的麻烦，才下令"废团兴散"。

在取茶方式上，日常生活中的消费者从大袋包装中取茶，大多用手抓，这样不仅不卫生，在很多场景中还很不雅观，甚至对客人显得不尊重。

在泡茶方式上，用开水泡茶的时候，很多茶的叶片会漂浮在杯中水面上，消费者端起杯子喝茶，叶片入口了怎么办？再吐回杯中是多么不雅的行为。

凡此种种，我们茶从业者很多的习以为常，可能是现代消费者的不知所措。

技术在进步，社会在进步，人类在进步，中国茶当然也要进步。

二、何为中国茶文化

文化不应该是一块遮羞布。

陈文华教授在《中华茶文化基础知识》中定义了广义的茶文化和狭义的茶文化。他认为广义的茶文化是指整个茶叶发展历程中有关物质和精神财富的总和，狭义的茶文化是指广义茶文化中属于精神财富的部分。

丁以寿教授在《中国茶文化》中定义了中义的茶文化是：茶的历史、发展和传播，茶俗、茶艺和茶道，茶文学与艺术，茶具，茶馆，茶著，茶与宗教、哲学、美学、社会学等。

我认为茶文化包含了以下四个层面的内容：

第一，有关茶的人为器物和人为饰物；

第二，有关茶的外显行为及其习惯、规范；

第三，茶文学和茶艺术；

第四，有关茶的价值观，这是茶文化的内核。

我们常见的茶艺，在本质上是指泡茶的技术和艺术，贯穿了茶文化的四个层面。

至于人们在制茶、泡茶、喝茶过程中获得的领悟与启迪，则是在传统的单一社会结构中，中国古代思想家们理想的一个出口与精神的一种寄托。

茶文化很容易陷入历史中。事实上，我们常听到的、看到的、体验到的茶文化，所表达的几乎都是茶历史，而陷入历史的茶文化会严重制约现代茶消费的普及。

如果做茶的做不好茶、卖茶的卖不好茶、开茶馆的开不好茶馆，但都拿茶文化说事儿，那么茶文化就成了一块遮羞布。

茶文化的四个层面，都必须落脚在当代生活，并且要关注未来生活，只有这样，中国茶文化才会焕发出鲜活的生命力，才能拉动茶消费的普及，促进茶产业的发展。否则，茶文化只有躺进历史博物馆了，那不是中国茶文化的荣光，而是中国茶文化的悲哀。

三、喝茶要从娃娃抓起吗

拥有青年，才会拥有未来。

理论上，男女老少都适合喝茶，但现实中却有很多人不喝茶。

不喝茶的群体大致分为以下几种：一是"实力不允许"，这类群体可能喝不起好茶，干脆就不喝茶；二是"吃药不能喝茶"，这类群体主要是身患慢性病的中老年人，医生告诫他们"吃药不能喝茶"；三是"不习惯喝茶"，即虽然偶尔也喝茶，但与茶保持较远的距离，这类群体或许认为卖茶的不可信，或许觉得喝茶这事儿太"土"、太麻烦；四是"不喜欢喝茶"，这类群体主要是不喜欢茶汤的苦涩味道。

所谓喝茶要从娃娃抓起，说的是茶从业者要想办法让更多青年甚至少年儿童了解茶、学习茶文化、喜欢喝茶。对此，茶行业内有两种不同的观点：一是"不要慌，我们在他们35岁的地方等着他们"；二是"喝茶要从娃娃抓起"，如果他们从小不喝茶，一旦养成了不喝茶的习惯，甚至养成了喝咖啡的习惯，等他们到了35岁的时候，也许眼里就没有茶了。

我赞成第二种观点：喝茶要从娃娃抓起。

我给出的解决方案之一是：放弃让他们喝原叶茶的企图和努力，在茶中加入甜的成分，或加入能够淡化茶汤苦涩味的食材，用调饮的方式让他们喝茶。当然，茶企业还要通过品牌化的方式解决他们识别茶、选择茶的问题，包括推出时尚化品牌吸引他们的关注、激发他们的兴趣，通过改进分装方式和场景化茶具解决他们在喝茶的便利性和简捷性上的问题，等等。

四、中国茶是"小茶叶"还是"大茶业"

中国"小茶叶"已经登峰造极。

改革开放四十多年来，先富起来的一部分人端起了茶杯，拉动了中国茶的快速发展，由此开始，中国茶业出现了两个思路、两条道路、两种模式。

其一是个性化小众之路，即在产区上追求特色小产区、特色微产区、特色山头，甚至特色山头的特色方位、特色单株……在茶树品种上追求特色小品种、特色土茶树品种、古茶树，甚至古茶树的树龄……在工艺上追求手工、纯手工、古法、大师制作……

这条路，我称之为"小茶叶"。

其二是标准化、规模化之路，即在产区上谋求泛产区、大产区，甚至跨产区，在茶树品种上追求优质高产新品种；在工艺上通过机械化、智能化，追求标准化的大工艺、大拼配。

这条路，我称之为"大茶业"。

"小茶叶"代表着中国茶的文化价值，"大茶业"承载着中国茶的普惠价值。

"小茶叶"代表着中国茶的自然价值，"大茶业"承载着中国茶的产业价值。

"小茶叶"和"大茶业"构成了中国茶的完美生态，这两条路应该是并行的，是相辅相成的，而不应该相互鄙视，更不应该相互诋毁。

五、中国名优茶何日走向世界

理想都很丰满。

500多年前，葡萄牙人把中国茶带到欧洲，古老的中国茶开始走向世界。中国茶曾经的高光时刻，是中国人尤其是中国茶从业者永远的骄傲。

150多年前，当时作为英国殖民地的印度开始大量产茶。印度茶的种植和加工，直接采用了工业化的模式，集约化程度高、标准化水平高、成本低。由此，中国茶的出口量大幅下降，印度很快超越中国成为最大的茶叶出口国。

100多年前，中国名优茶兴起，但大都是内销，基本与出口无关。虽然中国名优茶在1915年的巴拿马万国博览会上拿回来不少奖牌。

近几年，中国茶界喊出了一个响亮的口号："敬世界一杯中国茶！"口号中的"中国茶"指的是中国名优茶。

其实，中国茶一直保持着不小的出口量，在过去十年间，每年的出口量都在三十万吨以上，但中国名优茶的出口情况就不忍直视了。

中国名优茶走向世界的难点在哪里呢？

首先是文化差异问题。不认同中国文化，就不会认同中国名优茶的价值，也就不能接受中国名优茶的价格，更不会接受中国名优茶的品饮方式。中国人喝茶，追求感官上的微妙变化，更有人追求稀缺性以彰显身份，追求仪式感以彰显品位。

其次是商业信任问题。中国名优茶的核心要素之一是产区。我们虽然在大力推行区域公用品牌、地理证明商标等现代商业体系，但产区这一要素并未得到实际管控，这就意味着一旦某个茶类声名鹊起、市场热销了，其产区要素就失控了，最终导致消费者对区域公用品牌的信任难以建立起来。

而中国名优茶的企业产品品牌还很弱小，无法建立足够的信任。

最后是生产模式问题。中国名优茶主要还是采用小农种植、小作坊加工的模式，这导致产品在标准化、稳定性、食品安全性等方面都存在着不同程度的问题和隐患，进而导致名优茶的成本节节攀升，价格也就水涨船高，而且连年上涨的趋势不可逆转，从而造成名优茶的价格与价值脱钩甚至倒挂。

中国名优茶的整个体系虽然在不断进化，但中国名优茶在整体表现上依然是农耕文明的产物，其进化之路还很漫长。

六、日本茶的今天是中国茶的明天吗

他山之石，或许可以攻玉。

2007年，我在深度观察了日本茶以后，写下一句话：日本茶，从农业文明到工业文明。同时发问：日本茶的今天会是中国茶的明天吗？

我国和日本是一衣带水、隔海相望的邻国，同属于东亚文化圈。

日本很早就拜中华为师，从公元7世纪开始，日本就全面、大规模地学习和引进中国的政治制度、文化、风俗等，其中就包括中国的茶树品种、中国茶的种植技术和炒制技术、中国人的喝茶方式和喝茶礼仪，还包括泡茶、喝茶所用的器皿等。

19世纪60年代，日本发起明治维新运动，通过"脱亚入欧"之路逐步实现了工业化、现代化。

几乎是在同一时期，我国先后发起洋务运动、戊戌变法和新文化运动，但直到20世纪50年代，我国才真正开启工业化的进程。可以说，中国的工业化比日本的工业化大约晚了100年的时间。

也就是在过去的一百多年里，日本茶清晰地呈现出了传承和创新两条道路，体现在茶种植、茶加工、茶机械、茶科技、茶产品、茶经营、茶文化、茶消费等诸多方面。日本茶在传承上很严肃、很完整，在创新上很全面、很彻底。

传承与创新，正是当下的中国茶面临的重大课题。

我们关注日本茶，不是要照搬日本茶，也不应该照搬日本茶，而是要从日本茶的发展过程及其背后的逻辑中得到启发，同时吸取日本茶的教训，让中国茶在未来的发展过程中少走弯路。

行业人士推荐／

　　对中国茶的认知可谓是仁者见仁、智者见智。欧阳道坤先生以其丰富的从业经验、扎实的理论功底、独特的观察视角，为我们呈现了他眼中别样的中国茶。书中的不少观点和见解不一定放之四海而皆准，但都是他深入实践、认真思考而形成的。相信该书的内容一定能为大家带来启迪和思考。

中国茶叶学会理事长

中国农业科学院茶叶研究所所长　姜仁华

　　茶起源于中国，是中华传统文化的重要载体。中国是第一大产茶国，中国茶如何更好地走向未来、走向世界？欧阳道坤先生的《预见中国茶》从产品、品牌、市场、营销和产业等不同维度提出了不少有价值的见解，值得一读和借鉴。

安徽农业大学茶树生物学与资源利用国家重点实验室主任　宛晓春

　　中国茶曾经风行世界，欧阳道坤在《预见中国茶》中写道："中国茶曾经的高光时刻是中国人，尤其是中国茶从业者永远的骄傲。"如今，中国茶每年的外贸量保持在30万吨以上，但主体是原料茶。如何让中国茶以承载着中国文化的品牌模式走向世界，是我们行业同仁共同的课题和使命。

中国食品土畜进出口商会茶叶专业委员会执行主任　蔡　军

　　从生产到消费，当今的中国茶业都已达到了历史新高度，但其持续发展面临着诸多挑战。欧阳道坤的《预见中国茶》穿越历史找本质、拨开云雾觅真相，读起来有不少新意。更为难得的是，《预见中国茶》直面茶业的现实问题和发展瓶颈，以独特的视角剖析了中国茶业的各环节和各业态，并提出了解决思路，用情颇深。

安徽省农业科学院院长　张正竹

中国茶，冠世界。中国茶，大时代。如何将茶文化、茶产业、茶科技"三茶"统筹做好，是新时代我国茶行业发展的重要课题。《预见中国茶》一书，以道坤先生在行业内二十余年的亲身实践和观察为基础，形成了关于我国茶产业之独特思考与洞见，对中国茶产业高质量发展具有启示意义。

中国茶叶学会副理事长

浙江省茶叶学会理事长　浙江大学求是特聘教授　王岳飞

欧阳道坤先生的《预见中国茶》是一本以全域视野洞悉中国茶的专著，是他多年来深度观察和精深思考而凝练出的思想成果。

个人浅见，本书至少有三个方面的特色：第一，导向鲜明。作者孜孜于揭示茶产业、茶商业、茶消费的底层逻辑，为中国茶的发展指明路径。第二，富有真知灼见。如书中首次提出了中国茶的金字塔理论等诸多新观点，令人耳目一新。第三，形散意聚。书中虽也谈及茶历史、茶文化、茶科技等方方面面，但这些杂谈都是为了阐释中国茶的产业规律和商业逻辑。毫无疑问，《预见中国茶》是有关中国茶的产业、商业、品牌和营销的一部难得的佳作。

中国茶叶学会副理事长

湖南省茶叶学会理事长　湖南农业大学教授　萧力争

《预见中国茶》之查找行业问题的辛辣视角，对产业发展困局的神经刀式解构，都是浓浓的欧阳风格，其背后确是满满的业者担当与发展自觉，读来有《文化苦旅》般厚重。

中华全国供销合作总社杭州茶叶研究院学术委员会主任　张士康

中国茶的悠久历史，吸引了大量学者和爱好者对茶文化进行多角度解读，也有很多人对茶叶种植和加工进行科学阐释，但很少有人专注于中国茶的产业化、商业化和茶商业的研究。欧阳老师的《预见中国茶》的主要内容是关于中国茶的产业化发展、商业化进程和茶消费扩容的思考和见解，值得期待。

中国农业科学院茶叶研究所研究员　姜爱芹

欧阳老师在大约两年前曾做客漳浦天福观光茶园，在我的瑞草堂品茗畅谈，给我留下了深刻的印象。他很健谈，看得出来对茶很是热爱。或许是欧阳老师的教育经历和工作经历的缘由，在交流中，我发现他能用更超然的视角来审视中国茶产业的发展，往往在一些领域有独到的见地。

近日收到欧阳老师新书《预见中国茶》的大纲，虽然还未看到样书，但从纲目中还是可以看到他对中国茶产业发展之研究用功颇深，许多观点很有创见，值得研读借鉴。

我也期待早日拿到新书，先睹为快！

天福集团董事会主席

人生三杯茶：奶茶、茶饮料、原叶茶。

一个中国人，在不同的年龄阶段，可能都会与这三杯茶相遇。茶，见证着人成长的不同阶段，也融于每一个人生阶段。

可以说，许多中国人的一生都"泡"在茶里。

很多人问我为什么只做原叶茶而不去做奶茶、茶饮料？因为这看似是一个行业，实则是三个行当；看似都是一片叶子，实际上千差万别。而这里面，原叶茶是最难的。

茶，源自中国，风靡世界。然而作为茶叶的发源地，中国尚未诞生一个世界级茶叶品牌。中国茶产业思维更多的是将茶作为一种农产品，中国茶的工业化水平落后：价格参差不齐，生产效率亟须提高。中国茶的品类之繁、工序之多，让很多消费者望而生畏。

在原叶茶的历史长河里，有先人"意外的发现"，也有后人无限"用心的设计"。它是中国文化走向世界的"文明的武器"，是中国人"生活方式的记录"。

我们扎根行业十余年，至今仍对原叶茶心存敬畏。

道坤兄的新书《预见中国茶》对中国原叶茶产业、茶商业和茶消费进行了深入浅出、鞭辟入里的解读，并旗帜鲜明地表达了许多新颖的观点，如"试图将文化茶的仪式感推向现代人日常工作与日常生活的各种努力，不仅不会成功，而且会把中国茶推向不归路""中国茶的终极命题是用什么方式喝什么茶"等。同时，这本书对未来中国原叶茶的产品开发、品牌建设、营销等提出了诸多建议，相信会为茶行业的从业者带来切实有效的普惠价值。

同时，道坤兄还阐述了对中国原叶茶企业家的期待：以大爱之心为消费者做良好的茶产品、可信赖的茶品牌，以宏伟使命改造传统产业，以敬天爱人之心做安全茶，以长期主义做品牌茶。"叶富茶农，汤泽众生。"我深以为然。中国茶以其"无二"的风情与灵性，滋养着中国人的身与心。在传承中创新、健康且有生命力的茶产业，需要创新的商业模式来推动，只有这样，茶企业才能为消费者带来深入浅出、尽可能一步到位的解决方案。

遇见中国茶，欲见中国茶，预见中国茶。有人浅尝至口感，有人感知至文化，还有人以茶为事业、以传承茶为使命，道坤兄是后者，我在努力做后者。

北京小罐茶业有限公司董事长

看了欧阳老师《预见中国茶》的提纲，我很敬佩，也很感动。作为一位茶文化的传播者、践行者，书中的点滴都让我很有感触、深刻回味。

欧阳老师在书中说，文化茶喝的是仪式感，生活茶喝的是便捷性，便捷性常有，而仪式感不常有。如果把"琴棋书画诗酒茶"中的茶称为文化茶，把"柴米油盐酱醋茶"中的茶称为生活茶，那么，消费者对两类茶的价值认知、价值诉求和品饮方式都会有很大的不同……

我认识欧阳老师快十五年了，始于微博，直到现在，我们每年起码见面一两次，讨论消费者与茶的关系变化。关于中国茶的茶学、美学、哲学、商学，我们也有聊不完的话题。每一次对话都让我深有启发。在我见过的产业研究者中，他对茶文化、茶生活、茶产业、茶科技的见解和剖析是最独到的，有传承，有创新，有远见。

中国茶是有香气的，有人情味的，有生命力的，希望更多读者从这本书中找到中国茶的未来！

中国茶文化推广大使　茶仙子鲍丽丽

每年，因为几片干枯的树叶，我们都会面红耳赤地辩扯几次，颇为激烈，甚至无语而散，但都不会影响下一次面红耳赤的争论。想来这就算是"真爱"吧。

真传一句话，假传万卷书。《预见中国茶》凝聚了欧阳兄整整二十年的心血：从商道到人道，从茶应该怎么喝到茶还能怎么喝……

他完整地诠释了如何以茶谋生的底层逻辑。这不是给工艺大师看的书，更不是给品茶专家看的书，在我看来，这是一本建立茶业世界观的认知宝典。是的，想要经营好茶叶先要有对茶业的宏观认知，这也正是欧阳兄坚信的：方向对了，坚持才有价值；定位对了，岁月才有价值。

对于茶，欧阳兄属于有茶业信仰但没有癖好执念的独立的产业宏观观察者。《预见中国茶》应该成为也必将成为每一个以茶谋生者，甚至以茶谋众生者的必读书籍，对此我拭目以待！

"小茶婆婆"和"藏岁"品牌创始人　茶人王心

　　欧阳先生的《预见中国茶》内容全面，可能是未知茶者的遇见，也可能是已知茶者的预见。我对欧阳先生的了解虽不甚多，但知道他是比较早关注茶企业的品牌建设、市场营销、企业管理和茶产业发展的人，也经常牵头组织行业同仁进行对话、交流与思想碰撞。

　　中国茶，作为物质与精神合一的东方之叶，必将伴随着古老悠久的中华文化源远流长，成为世界之润心的饮品。每一盏茶汤，都绵延着中华文脉，体现着世界文明的交融。

北京老舍茶馆有限公司董事长　**尹智君**

Contents
目录

01

第一章

喝茶是个什么事儿

一杯神奇的水。

一、中国人为什么爱喝茶

我们喜爱一件物品、一件事，甚至一个人，是因为其能给我们带来某些价值，喜爱程度往往取决于带来的价值的多少和大小。有人类共同的价值，也有不同取向的价值。小而言之，价值取向有个人偏好；大而言之，价值取向产生于文化背景。

中国人喜爱喝茶似乎与生俱来，在工作和生活中，对"喝茶"二字的提及频次很高，这就是我们的文化背景。

从现代商业的视角来看，中国人喜爱喝茶，也在于喝茶能给我们带来一些价值。这里所说的价值，一部分来自中国人对茶的物理认知，而更多的还是来自深厚的文化底蕴。

喜爱喝茶的人，都有自己喝茶的理由。有些人的理由比较单一，而有些人的理由比较多样；有的理由比较显性，而有的理由比较隐性。我梳理、归纳了中国人喝茶的三大核心价值，如图1-1所示。

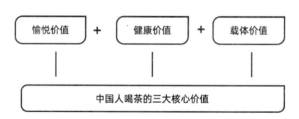

图1-1 中国人喝茶的三大核心价值

愉悦价值，是指喝茶给人体感官带来的综合愉悦体验，也就是我们常说的品饮价值，其专业表达为茶的色、香、味、形等要素带给人体感官的愉悦感，包括生津、回甘、饱满、醇厚、顺滑等。消费者对此的通俗说法就是好喝。在民间，还有茶韵、茶气等说法。一些细微的感受，因人而异，并且有些说法还存在争议，比如对茶韵、茶气等，人们没有形成共同的认知，貌似有点深奥、有些玄妙。

中国人喝茶的愉悦价值，与历史上中国人的饮食结构、饮食习惯、生活水平等密切相关。

健康价值，是指喝茶带给人体的保健作用。从临床观察统计，到功能成分分析和健康机理研究，喝茶对人体健康的作用得到越来越多、越来越深入的证实，并且中国人发现茶、利用茶就是从茶的健康性开始的。此外，喝茶给人体带来的愉悦感对人体健康也有积极作用。

中国人喝茶的健康价值，除了受饮食结构、饮食习惯的影响，还深受中国传统医学的影响。

载体价值，是指喝茶带给我们的精神上的精神隐喻价值和文化附加价值，即"以茶载道"。儒家以茶示礼，以茶修德，先苦后甜，回甘人生；道家以茶修心，天人合一，道法自然；佛家以茶修性，品茗悟道，茶禅一味。茶不过是一片叶子，本身没有文化，但中国三大主流传统文化都找到了茶作为它们的载体，在喝茶过程中各得其所，"一杯茶"不堪重负。

中国人喝茶的载体价值，来自中华文化背景中借景生情、以物寄情、以事载情的人文诉求。

具有愉悦感的饮品很多，具有健康性的饮品也很多，但茶承载的文化具有一般饮品所没有的历史性、民族性和地域性。

从古代中国人喝茶的历史轨迹来看，三大核心价值的排序如图1-2所示。

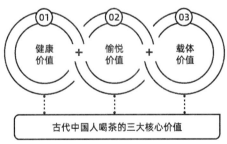

图1-2 古代中国人喝茶的三大核心价值排序

中国人发现茶并利用茶应该是从茶的健康价值开始的，但追求感官愉悦是人的本性之一，由此推动了茶叶加工技术的不断改进，使茶越来越好喝。而把喝茶赋予文化属性，则源自中国古代思想家的理想主义情怀。寄情于山与水、寄情于事与物，是中国古代文人的精神追求之一。

从现代中国人喝茶的消费逻辑来看，三大核心价值的排序如图1-3所示。

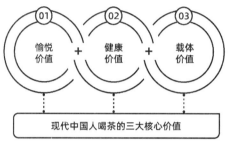

图1-3 现代中国人喝茶的三大核心价值排序

在物质极大丰富、医学不断进步的今天，健康价值已经不再是喝茶的第一诉求。"好喝是硬道理"，愉悦价值变得更为重要，不少新兴品类茶的市场热销就是例证。

现代中国人喝茶，对感官体验的追求可能是全人类绝无仅有的。不同微产区的茶、不同茶树品种的茶、不同外形的茶、不同制作工艺的茶、不同仓储条件及仓储年份的茶，再加上不同的冲泡方式，中国人对其中微妙变化的感官体验的追求完全停不下来，并乐意为这些追求支付高昂的成本，令外国人匪夷所思。

从未来中国人喝茶的消费趋势来看，三大核心价值的排序如图1-4所示。

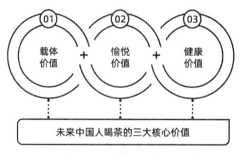

图1-4 未来中国人喝茶的三大核心价值排序

随着文化日趋扁平、生活节奏加快，喝茶的载体价值逐渐变小、变轻。但在未来，载体价值在文化隐喻、生活习惯、行为方式等方面可能越来越重要，甚至会成为喝茶的第一驱动力，而承载厚重的传统文化的喝茶方式大概会变得越来越小众。

健康价值是喝茶的一种顺便的收益。人们永远追求健康，但有些茶从业者过分夸大喝茶的健康功效，甚至将茶汤说成了包治百病的"神汤"，引起了消费者的反感。政府监管部门也在严格禁止标注、说明和宣传茶的功效。

从产品及其营销的角度看，如果从业者同时做好茶产品的三大核心价值，或者把其中的某个核心价值做得很突出，那么其茶产品一定好卖。如果既做不好愉悦价值，也做不好健康价值，而只拿载体价值说事儿，那么，文化就会成为茶产品的最后一块遮羞布。

对于未来的茶产品开发、茶品牌建设和茶营销，从业者要更加关注茶产品的饮用安全性、喝茶的人文价值、喝茶的愉悦性。这里所说的人文价值是指深度融入当代人的工作、生活、社交、休闲之中的轻度的文化暗示、精神隐喻和人文附加。

二、中国人喝茶的成本

中国人喜欢喝茶，在喝茶中获得价值，而喝茶当然有成本，如图1-5所示。

图1-5 中国人喝茶的成本

首先得花钱买茶，这是货币成本，是喝茶的显性成本、直接成本。

对现在的消费者而言，喝茶的直接成本（货币成本）并不算高，这和我们中国人的喝茶方式有关。

以1元/克（500元/500克）的价格来计算，再以4克茶叶泡一杯茶来计算，那么一杯茶的直接成本也就4元，相当于一瓶普通的瓶装或听装饮料的价格。但中国茶是可以多次续水的，所以一杯茶的货币成本远低于一瓶普通的瓶装饮料或一听普通的罐装饮料的货币成本。

但是，在消费者主权时代，喝茶的间接成本就很高了。

中国人喝茶有哪些不可忽视的间接成本呢？

第一是学习成本。中国茶历史悠久，品类颇多，一句"源远流长、博大精深"让消费者心生敬畏，甚至云里雾里、望而却步。而且小品类茶越来越多，每个小品类茶都试图建立自己的知识体系、价值体系和品饮体系。不少人喝茶还建立起了某种嘲笑链甚至鄙视链，你如果不先学习个一二三，你都不敢说喜欢喝茶，更不敢走进茶室、坐上茶桌，甚至不敢触碰茶杯。

第二是买茶的识别成本和选择成本。对于买什么茶、买谁家的茶、买哪个品牌的茶、买什么价格的茶，一旦触及真金白银，不少消费者往往犹豫不决，其中一个很关键的原因是我们的茶品牌还没有建立起足够的消费者信任。面对无品牌、弱品牌、小品牌的茶，买茶者纵然有一定的知识储备、有相当的火眼金睛、是老练的还价能手，"买错""被忽悠"依然不是个案，"后悔、自责、怨恨"应该是一种精神成本吧。

第三是喝茶的操作成本。中国茶叶虽然早已经出现了独立小包装，但大袋的包装方式还是主流，泡茶时需要取茶，而后把大包装密封起来存放，存放绿茶还有温度要求。接下来是选用合适的茶具，冲泡过程中，要看是多大的杯子、投放的是什么茶、投放了多少茶，而后确定注入多少水、多少度的水，如果用茶水分离方式，还要注意多长时间倒出茶汤，第二道茶又应该多长时间倒出茶汤……这一系列操作都有专业说法：看茶泡茶、投茶量、水温、茶水比例、出汤时间（坐杯时间、开汤时间）……太难了！喝完了茶还需要清洗茶具。

第四是喝茶的"副作用"成本。人的身体的个体差异是客观存在的，这就导致不同的人喝茶的感受也不同。比如，有人喝茶以后会影响睡眠，甚至会严重失眠；再比如，喝太热的茶汤是有害的。世界卫生组织（WHO）下属的国际癌症研究机构（IARC）发布了一项警告：饮用65℃以上的热饮，可能增加罹患食管癌的风险，并将65℃以上的热饮列入了2A类致癌物名单，仅次于最高级1类致癌物（明确有致癌风险）。

当然，如果茶叶中的农药残留和重金属等有害物质超出标准，或者茶叶中违规添加了有害物质，那就会直接伤害身体了。

那么，怎样降低消费者喝茶的综合成本呢？

第一，降低直接成本（货币成本）。一方面，升级生产方式，通过集约化种植和机械化加工降低生产成本、提高生产效率；另一方面，创新营销方式和流通方式以提高市场效率，降低茶叶产品的综合成本，提升茶叶产品的性价比，最终降低消费者喝茶的直接成本（货币成本）。

第二，降低间接成本中的学习成本。重构中国茶的知识体系及其表达方式，以阶梯性的知识框架让消费者轻松入门，而后由浅入深、逐步晋级。

第三，降低间接成本中的识别成本和选择成本。大幅度合并小品类，优化品类结构，压缩和简化产品线，加快品牌化进程，建设一批值得广泛信赖的茶品牌。

第四，降低间接成本中的操作成本。针对现代消费者的各种工作场景和生活场景，以简单化和便捷化为原则，为消费者提供针对性的喝茶方案。

第五，降低间接成本中的副作用成本。升级茶产品，以现代科学技术的手段优化茶产品中的内含物质，以法治的手段严格保证茶产品的质量安全。同时，多一些对消费者的关怀，对不同产品和不同消费者，给出温馨的喝茶提示甚至喝茶警示。

关于消费者喝茶的价值和成本，有一个鲜活的例子。

中国六大茶类之一的黄茶，有一个特殊的工艺环节，此环节在专业术语上叫"闷黄"，是指将杀青、揉捻或初烘后的茶叶趁热堆积，使茶坯在湿热作用下逐渐黄变的特有工艺。"闷黄"这一工序不仅技术含量较高，而且是一个过程，需要时间。在小农经济模式下，"闷黄"环节的生产成本可以忽略不计，但在现代商业时代，"闷黄"环节中包括人工成本和时间成本在内的生产成本就凸显了出来。如果生产成本的增加，能够提升产品价值，那就没问题，但问题就在于对黄茶之"黄"的产品价值，消费者似乎不大买账。通俗来说，同样的原料，制作成黄茶的成本高于制作成绿茶的成本，但黄茶的卖价又不能高于绿茶的卖价，那么黄茶的地位就比较尴尬了。现在，技术人员也在创新"闷黄"工艺，以降低"闷黄"环节的生产成本。

三、中国茶只是半成品

消费者购买的茶叶产品是干茶，但消费者需要喝的是干茶泡出来的茶汤。干茶是半成品，茶汤才是成品。

把半成品变为成品，需要一系列操作，而操作就是一种喝茶成本。

泡茶的操作过程是由两个要素构成的：一是需要使用一套工具，我们称之为茶具；二是需要运用一套技术，我们可以称之为茶艺。

其实，消费者日常泡茶的技术主要是指茶艺中的技术部分，而通常所说的茶艺，则包含了泡茶的技术和泡茶的艺术。

所有类似的产品，在从半成品变为成品的过程中，都包含工具和技术两大要素。

对于中国茶而言，怎么降低把半成品变为成品的操作成本呢？我们也必须从工具和技术两个要素入手，同时还可以改进我们的茶产品。

先说说泡茶工具。

历史上流传下来的茶具，基本是富贵人家喝茶的茶具，其使用背景是他们喝茶都是有人伺候的，他们用的茶具不具有自助的便利性，这个使用背景很重要。

基于传统茶具的喝茶方式，使得我们在茶桌上喝茶需要有专人泡茶，而自助才是现代人的主流生活方式，这样的茶具显然不适合现代人自助喝茶，其更大的价值将会转向摆件、把玩件、工艺品、收藏品，甚至投资品。

近些年，很多专业茶具企业，尤其是年轻人创办的专业茶具公司，他们在茶具创新和创意上都做了很多尝试，也有了很大进步，包括茶具造型更符合现代审美，大胆应用新材料和采用新工艺，特别是通过茶具结构的创新，在自助泡茶的简单、方便、快捷等方面有了很大突破。此外，他们还考虑到了茶具清洗和打理的简单、方便，大幅改善了以便捷性为中心又兼顾卫生和现代审美的茶具使用体验。

再说说泡茶技术。

专业人士的看茶泡茶技术实在是高深莫测，掌握这套技术需要极高的学习成本、试错成本、实践成本，而大众消费者需要的是通过"傻瓜版"的简单操作，就能泡出一杯不错的茶，并且能随时、随地、随手泡茶，自泡自饮。

我认为，每一个品牌的每一款茶产品都应该配备一份"傻瓜版"的简单说明，如果有需要，品牌茶企业还可以有自己的茶具，配合自己家的茶产品使用，这样更有利于泡茶技术的标准化、简单化。近些年，很多品牌茶企业都在朝着这个方向努力。

这里必须提到，十几年前出现的泡茶机，在近几年也达到了一定的智能水平。

市场上的泡茶机已经"兵分几路"。不同的泡茶机，或是有着不同的泡茶操作方法，或是为不同场景提供泡茶方案。

泡茶机一定是某些消费者在某些场景的需求。泡茶机的硬件不是问题，对其使用便捷性与风味地道性如何取舍、怎样妥协，这才是问题。

我把市场上已有的泡茶机，按茶叶兼容方式分为两大类。

一类是封闭式泡茶机，其对茶叶有特殊的分装要求，类似咖啡胶囊的茶胶囊，或者说只有进行特殊分装的茶叶才能放入泡茶机，并且需要茶叶品牌厂家事先提供茶样，泡茶机厂家预先设置泡茶技术参数。泡茶时，机器对特殊分装茶进行自动识别，并会自动匹配泡茶技术参数。

对于这类泡茶机，使用者可以做到一键操作，但需要茶叶品牌厂家保证产品品质的标准化和稳定性。

另一类是开放式泡茶机，其对茶叶没有特殊要求，使用者需要事先识别出茶叶的品类和级别，然后在泡茶机上进行设定、操作。因为此类泡茶机是开放的，所以对不同品类、不同等级的茶，使用者要想泡出比较好的效果，则要具备一定的茶叶识别能力、投茶量把控能力和泡茶机操作能力。

对于这类泡茶机，使用者难以做到一键操作。

关于泡茶机，还有两个问题。

一是机器泡茶一定要对专业人士的泡茶技术进行提炼和取舍，而不应该全部照搬，也没有必要进行人机比赛。有的泡茶机操作起来越来越复杂，要求操作者很专业，就是走入了这个误区。

二是泡茶机只是一种具备了泡茶技术的泡茶工具，消费者的选购逻辑是先选购了某个品牌的茶，再选购对应的泡茶机，这个逻辑反过来是不成立的。也就是说，品牌茶企业可以研发、生产和销售自己的泡茶机，但泡茶机企业不能去生产和销售茶。

所以，封闭式泡茶机需要解决对茶品类和茶品牌的兼容性问题，才可能成为独立的泡茶机品牌。而开放式泡茶机可以成为独立的泡茶机品牌，但使用者要有较高的茶知识，还要学习操作方法，而且要多按几下。

市场上的两大类泡茶机都在不断改进中，也许还会出现解决方案更好的泡茶机，让我们一起期待！

最后说说改进产品。

品牌化的茶产品，其基础是品质的标准化和稳定性，没有这个基础，就谈不上品牌。同时，茶企业应该在茶产品的内包装上进行改进。独立内包装就是一个解决方案，不仅便于取茶、便于存放、便于携带，而且做到了投茶量的标准化；袋泡茶也是一个解决方案，也解决了投茶量的标准化问题，而且避免了泡开的茶叶喝入口中的尴尬，还便于处理茶渣和清洗茶杯。我相信将来还会有更多、更好的解决方案。

我把茶产品的这个改进方向称为"产品往前走"，即缩短半成品与成品之间的距离。

泡茶工具、泡茶技术、改进产品，这三个维度是相互关联的，也应该是相互促进的，其最终目标是为消费者降低半成品变为成品的操作成本。（图1-6）

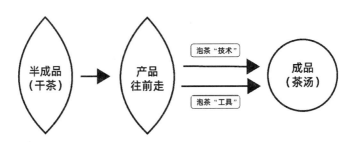

图1-6 半成品（干茶）变为成品（茶汤）

举个生活中的例子吧。

我们买回家的菜，或者称之为食材，都是直接材料。炒菜是把直接材料加工成成品的操作，而炒菜需要具备厨具和厨艺两大要素。

若要解决现代人日常生活中的炒菜难题，就要从以下两个方面入手。

一是研发新厨具，甚至智能化厨具，从而大幅简化炒菜的流程，也大幅降低对厨艺的要求，标准化的"傻瓜版"厨艺就够用了。

二是改进产品。已经很普及的速冻食品、正在兴起的净菜、快速崛起的预制菜等，都是改进产品逻辑下的产物。

在此，可以顺便对比思考一个现象。餐桌上的菜如果不好吃，我们大都会说是做菜者的厨艺不好，但如果茶杯里的茶不好喝，我们大都会说是茶叶不好。

这是因为炒菜早已经是一种大众化的认识，而泡茶还远远不是大众化的认识。此外，普通消费者对食材的好坏能作出简单的判别，而对于茶的好坏则难以判别了。

四、中国人喝茶的场景困扰

如果让喝茶这一行为从茶室里走出来，从茶桌和茶台上走下来，走进现代人的各种生活场景、工作场景、社交场景，那么中国茶的销量就会大增。

那么问题来了，我们的茶产品、泡茶器具、泡茶方法并没有提供相应的喝茶解决方案。这又回到了上一节讨论的问题。

历史上流传下来的茶具及其泡茶方式，大都需要茶桌、茶台、配套工具，甚至需要专人泡茶，极大地限制了喝茶的场景。

现代人的工作场景、生活场景、社交场景更加多元和多样，而在有些场景下，因为喝茶不方便，消费者即使想喝茶也喝不到，或者觉得喝茶太麻烦而放弃喝茶。面对这种情况，茶企业就要针对自己的目标用户人群，观察他们工作、生活、社交的场景，研究对应的喝茶解决方案。

不同场景的喝茶解决方案，依然要围绕改进产品、研发茶具、简化泡茶方法这三个维度。

曾经流行的飘逸杯，近几年流行起来的冷泡杯、闷茶壶等，都是这个逻辑下的产物。

五、中国人喝茶的性价比

在商业社会，人们选购一个产品、一项服务，其基本逻辑是希望获取尽可能高的综合价值，同时希望支付尽可能低的综合成本，简言之，就是希望产品或服务有着更高的性价比。所以，提供产品和服务的企业就必须关注消费价值和消费成本。

需要特别指出的是，消费者的文化背景不同、社会背景不同、经济背景不同，对价值的取向和对成本的关心有很大的不同，只有杰出企业创造出来的杰出产品，有能力穿透不同的文化背景、社会背景、经济背景，比如"iPhone"。

中国人选择茶的逻辑也是如此。

茶企业必须关注喝茶的消费价值和消费成本，无止境地为消费者创造喝茶性价比。中国人喝茶的"性价比"选择如图1-7所示。

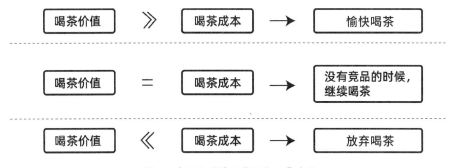

图1-7 中国人喝茶的"性价比"选择

提高用户喝茶的综合价值，茶企业应该针对不同用户群或不同场景，采取不同的策略。比如策略之一，把茶产品作出很好的平衡性，不追求特别突出的价值点，也不存在明显的缺点。比如策略之二，把茶产品作出一个或两个特别突出的价值点，但允许存在某些缺点。一定还有策略之三、策略之四……

降低用户喝茶的综合成本，茶企业也应针对不同用户群或不同场景，采取不同的策略。"买得便宜，用着贵""买得贵，用着便宜"，就是两种不同的消费策略。

六、中国人喝茶的妥协与放弃

喝茶是一种消费行为，人们在喝茶时都会在价值与成本之间进行平衡。由于有限的成本预算或成本能力，很多人就会对喝茶的价值作出妥协。

事实上，喝好茶的人基本都是"有钱、有闲的人"。因为"有钱"，他们不在乎喝茶的直接成本；因为"有闲"，他们不在乎喝茶的间接成本。

"有钱但没闲的人""没钱但有闲的人""既没钱也没闲的人"，各自会选择不同的茶和不同的喝茶方式。

四大类人群的喝茶方式如图1-8所示。

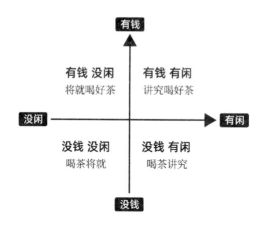

图1-8 四大类人群用什么方式喝什么茶

有钱、有闲的人，"讲究喝好茶"容易理解，另外三类人群的"将就喝好茶""喝茶讲究""喝茶将就"，读者朋友自行思考吧。

选择，就是作出一些妥协。

中国茶面临的问题是：

在间接成本方面，茶知识的普及、茶品牌的成长、茶产品的创新、泡茶机具的改进，都在逐步降低喝茶的间接成本。

在直接成本方面，中国名优茶的生产方式决定了其成本连年升高，而且不可逆转，由此推动了中国名优茶不断涨价，所以很多消费者都感叹"越来越喝不起茶了"。

在喝茶价值不变的情况下，茶产品价格不断高涨，消费者会被迫作出妥协。喝不起自己喝习惯了的那款茶，就降低喝茶档次，或者干脆选择价格大幅降低的机采、机制茶，甚至放弃自己的喝茶爱好，寻找茶的替代品。

文化在悄然演变，喝茶的价值也在变化。

商品越来越丰富，茶的替代品越来越多。

这是中国茶业必须正视、必须面对的问题。茶产品的价格已经在倒逼茶的生产方式，以及茶的种植模式与种植方式、采摘标准与采摘方式、加工工艺与加工设备、茶农组织方式和产业运行模式、流通方式与零售模式。

要以效率对抗成本，用规模摊薄成本，甚至需要重新定义中国茶。

让我们一起来寻求应对变化之策、解决问题之道。

所有消费行为都是对价值感和成本感的综合考量。

茶的价值感，包括文化感、身份感（品牌感）、风味感和功能感。

茶的成本感，包括直接成本感，即货币成本；间接成本感，即识别、信任、选择、采购、存放、冲泡等。

玄机在感，不同文化背景、不同身份、不同收入、不同职业的人，在不同的场景中，在"感"上的认知差别很大。

◎ 本章杂谈

1.让中国茶更简单

在农业时代，生产效率低下，物资短缺，生产和消费的关系是生产决定消费。通俗而言，就是生产者生产什么，消费者就消费什么。

在工业化时代，生产效率大幅提高，物质极大丰富，甚至过剩，生产和消费的关系就倒过来了：消费决定生产。通俗而言，就是消费者需要什么，生产者再生产什么，这就是所谓的消费者主权时代。

现代社会的节奏越来越快，所以，必须把复杂留给企业，把简单交给消费者，这是消费者主权时代的基本商业逻辑。

让中国茶更简单，包括了让茶文化更简单、让茶知识更简单、让茶产品更简单、让茶传播更简单、让茶交付更简单、让喝茶更简单。

简单，是为了普及。能够快速大面积普及的事和物，都是简单的。但是，我们也必须尊重喝茶的仪式感。

复杂，是为了高级。所有高级的事和物，都有不同形式的复杂。

2.茶叶不是药

茶叶的药用，应该出现在农业时代的初期，在那个无药可用的时代，人们在中毒后可以"得荼而解之"（荼即茶），有茶，或许能救命。

现代科学已经证明，茶叶中确实含有多种对人体有益、给人体解毒的物质。但泡茶也好，煮茶也罢，茶叶的水浸出物在茶汤中的占比很少，我们喝下茶汤，茶叶的水浸出物在我们硕大身体中的浓度很低，其中对人体有益的物质在我们人体中的含量更低。

夸大茶叶的保健功能，甚至宣传茶叶包治百病，其实是对消费者的欺骗和伤害，早已引起很多消费者的反感，国家法律法规也已经严令禁止这种宣传。

长期坚持饮茶，养成喝茶习惯，有益于身心健康，这就够了。

但人群存在个体差异，有些人的个体差异还比较大，所以不排除喝茶有个体化的神奇作用。

02

第二章

中国茶的金字塔理论

有了合理的结构，
才会有高效的秩序。

一、茶品种金字塔

茶品种金字塔如图2-1所示。

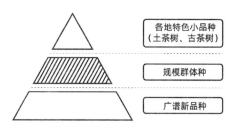

图2-1 茶品种金字塔

各地特色小品种是指在各地特定微产区（山头）、小产区的长时间的自然选择中胜出的特色茶树品种，很难移植，甚至不可移植。

规模群体种是指在特定产区长时间自然形成的品种，可以在特定产区内移植。

广谱新品种是指现代科学技术培育出来的优质高产的茶树新品种，可以跨产区移植。

"橘生淮南则为橘，生于淮北则为枳，叶徒相似，其实味不同。所以然者何？水土异也"，说的是植物与气候、水土的相互融合，而群体种茶树与水土的相互融合更为深刻。

二、茶园金字塔

茶园金字塔如图2-2所示。

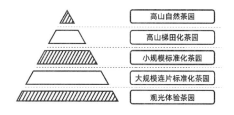

图2-2 茶园金字塔

高山自然茶园没有或少有人工干预，特色鲜明，但产茶量很低。市场上见到的"野茶""野放茶""荒野茶"等，都产自这样的茶园。

所谓"野茶"，指的是野生、野长的茶树上的茶，所以能被称为"野茶"的茶少之又少，而"野放茶""荒野茶"指的是非野生但野长的茶树上的茶，也就是人工种植，但无人管护的茶树上的茶。

高山梯田化茶园是值得推广的，既有"高山云雾出好茶"的优势，又能保证一定的产量，更重要的是能够提高劳动效率、降低劳动强度。

未来，规模化、标准化的茶园才是中国茶的主力茶园，尤其是大规模连片的标准化茶园，其不仅产量高，而且从茶园管理到鲜叶采摘，都可以采用机械化作业。

观光体验茶园不是生产性茶园。

当然，对于不同茶区、不同茶类，茶园金字塔的结构也会略有不同。

三、茶产区金字塔

茶产区金字塔如图2-3所示。

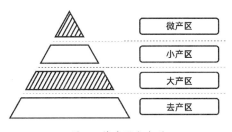

图2-3 茶产区金字塔

产区，指的是地理区划。

去产区，就是去掉产区因素，打破产区限制。

对于不同茶区、不同茶类，茶产区金字塔的结构也会略有不同。

四、茶季节金字塔

茶季节金字塔如图2-4所示。

图2-4 茶季节金字塔

茶季节，指的是鲜叶采摘的时间。

对于不同茶区、不同茶类，茶季节金字塔的结构也会略有不同。

五、茶外形金字塔

茶外形金字塔如图2-5所示。

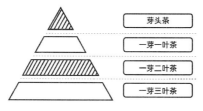

图2-5 茶外形金字塔

茶外形，指的是鲜叶采摘的标准。

对于不同茶区、不同茶类，茶外形金字塔的结构也会略有不同。

六、制茶工艺金字塔

制茶工艺金字塔如图2-6、2-7、2-8所示。

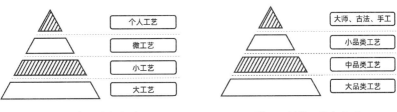

图2-6 制茶工艺金字塔1　　　　　　图2-7 制茶工艺金字塔2

要把"制茶工艺金字塔"与"茶产区金字塔"对应起来理解。

理论上，同一棵茶树的鲜叶，可以制成各种品类的茶叶，但其中有个"适制性"的问题，也就是某个产区的茶树的鲜叶，更适合制成某个品类的茶叶。当然，如果对茶叶的特色与品质作出一些妥协，对于"适制性"的要求就可以适当放宽，但需要对制茶工艺进行针对性的调整。

举个宽泛的例子，如图2-8所示，自下而上，茶产区逐渐收窄，制茶工艺也逐渐精准。

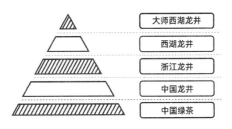

图2-8 制茶工艺金字塔3

七、茶产品金字塔

茶产品金字塔如图2-9、2-10、2-11所示。

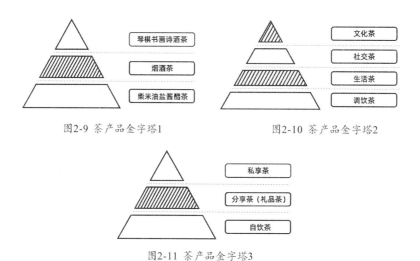

图2-9 茶产品金字塔1

图2-10 茶产品金字塔2

图2-11 茶产品金字塔3

第一个金字塔（图2-9）是中国茶的人文表述。

第二个金字塔（图2-10）是中国茶的商业表述。

第三个金字塔（图2-11）是中国茶的消费表述。

八、茶价格金字塔

茶价格金字塔如图2-12、2-13所示。

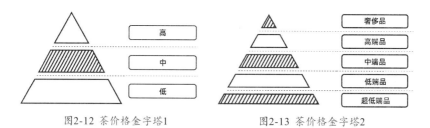

图2-12 茶价格金字塔1

图2-13 茶价格金字塔2

第一个金字塔（图2-12）是产品价格的简单分级。

第二个金字塔（图2-13）是产品价格的市场定位。

九、饮茶方式金字塔

饮茶方式金字塔如图2-14所示。

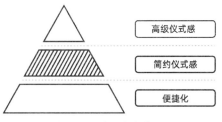

图2-14 饮茶方式金字塔

饮茶方式主要指的是泡茶方式，涉及环境与氛围、道具和茶具、技艺与流程等。

十、茶品牌金字塔

茶品牌金字塔如图2-15、2-16、2-17、2-18所示。

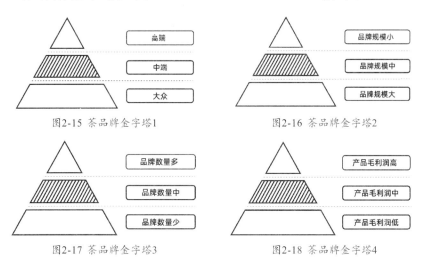

图2-15 茶品牌金字塔1　　　　图2-16 茶品牌金字塔2

图2-17 茶品牌金字塔3　　　　图2-18 茶品牌金字塔4

四个金字塔之间具有一定的商业逻辑关系，只有第三个关于品牌数量的金字塔（图2-17），其基础是中国茶的多样性。

十一、茶知识金字塔

茶知识金字塔如图2-19所示。

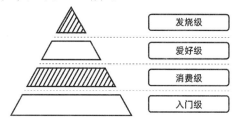

发烧级

爱好级

消费级

入门级

图2-19 茶知识金字塔

中国茶的从业者需要构建好这个金字塔，从而让消费者轻松入门，以及让消费者在茶知识领域由浅入深、逐步晋级。

如果把爱好级甚至发烧级的茶知识推给入门者，就很可能会将入门者拒之门外。

十二、茶传播金字塔

茶传播金字塔如图2-20所示。

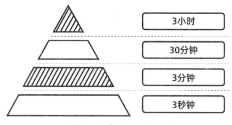

3小时

30分钟

3分钟

3秒钟

图2-20 茶传播金字塔

茶品牌营销人员要用3秒钟吸引消费者，然后用3分钟表达核心价值点，如果消费者愿意花30分钟来听、来看，就很可能形成购买意向。而愿意花3小时来听、来看、来体验的，大概都是你的忠实消费者，甚至是你的发烧友了。

十三、茶交付金字塔

茶交付金字塔如图2-21所示。

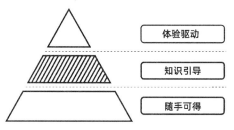

图2-21 茶交付金字塔

大众化消费品都必须是随手可得和容易购买的，中端消费品大都需要消费者学习一些相关知识后才会购买，而高端消费品不仅需要消费者学习相关知识，消费者还需要进行必要的体验之后才可能购买。

十四、茶企业金字塔

茶企业金字塔如图2-21所示。

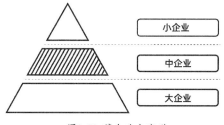

图2-22 茶企业金字塔

要把"茶企业金字塔"与"茶品牌金字塔"对应起来理解。

十五、茶消费金字塔

茶消费金字塔如图2-23、2-24、2-25所示。

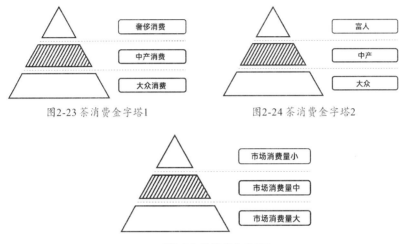

图2-23 茶消费金字塔1　　　　　　　图2-24 茶消费金字塔2

图2-25 茶消费金字塔3

在传统社会中，消费都是金字塔结构，都可以分为奢侈消费、中产消费、大众消费。

与之对应的消费者数量及其消费量，也是金字塔结构，即自上而下，消费者由少到多，消费量由小到大。

那么，这种分层是属于消费行为分层还是消费者身份分层呢？

消费行为分层仅仅是一个经济概念，而消费者身份分层则是一个社会概念。一些消费者所谓的"鄙视链"，就来自消费者身份分层。

理解不同文化背景下的分层，非常重要。

中国的烟、酒、茶市场，体现了消费行为分层和消费者身份分层。

其实，中国茶早就有了金字塔分层的表述，如琴棋书画诗酒茶、烟酒茶、柴米油盐酱醋茶等。

不同层级的消费者及其消费行为,对茶产品的品质、价格、包装、品牌等有不同的需求,因此,茶企业必须以不同的产品品质方案、产品定价策略、产品包装方式和品牌建设策略去满足不同层级的消费者及其消费需求。

十六、金字塔关系图

金字塔关系如图2-26所示。

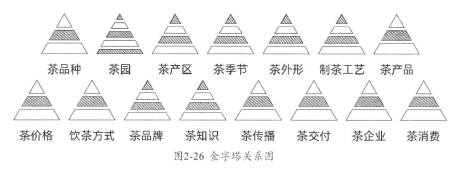

图2-26 金字塔关系图

上述各个金字塔之间有着或深或浅的商业逻辑关系,需要将它们对应起来理解。

十七、金字塔型与橄榄型

在传统社会,社会结构是金字塔型的,人的身份分层是金字塔型的,消费结构也基本是金字塔型的。

而现代社会的两个基本的发展目标:一是追求平等,淡化直至消除人的身份分层;二是收入结构和消费结构从金字塔型转变为橄榄型。

"金字塔"社会结构与"橄榄型"社会结构如图2-27所示。

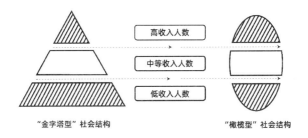

图2-27 "金字塔"型社会结构与"橄榄型"社会结构

从金字塔型到橄榄型，只是各个层面的人数的占比改变了，但收入的高、中、低分层，消费的高、中、低分层，会永远存在。

中国茶要主动顺应这样的发展方向。

◎ 本章杂谈

1. 金字塔尖太拥挤

结构合理是稳定发展的基础。历经过去二十余年的高歌猛进，中国茶的金字塔尖太拥挤了，至少在传播层面上是这样的，这就导致高价茶、天价茶、概念茶、故事茶、过度包装茶等大量出现并广受诟病。

位于金字塔尖的茶属于"小茶叶"，有着其独有的特质，如山头、山场、古树、古法、大师、历史、文化、故事等，在商业上表现为高成本、低效率，小受众、高单价，其商业动力在于高单价、高利润。

金字塔中下部的"大茶业"显得单薄，这是中国茶业的结构性问题，也是中国茶企业的商业机会。

同时，我们思考、讨论、经营中国茶，都应该分层进行，这样才可能找到解决方案，因为各层的商业逻辑不同，运营模式也不同。

不分层的讨论，总是会引起不休的争论，让人理不清头绪，不能形成共识。

不分层的商业，一定逻辑混乱、乱象丛生，让人找不到解决方案。

2. 金字塔是一种秩序

越往金字塔上端走，茶叶产品的成本越高，茶叶产品的价格越高，受众群体越小，也越受到追捧。

在市场表现上，价格高、受众小、受追捧的茶叶产品，有着其独特的个性化魅力和稀缺性魅力。

那么问题来了：个性化要求产品具有很强的识别性，稀缺性需要产品具备完备的对称信息。怎样解决以上两个问题呢？

这两个问题在本质上是真实性难题，我们承认品牌是有自律性的，但也必须承认这种自律性是有利益边界的，因此只要利益足够大，一些茶企业的自律性就会崩溃。

所以，成熟的商业都需要独立的第三方来护航，其核心是独立的第三方认证体系，包括对茶产区的认证、对茶树品种的认证、对茶工艺的认证、对茶产量的认证等，以及基于独立认证体系的严格的管理体系。

对于普洱茶、白茶、黑茶等具有存储价值的茶类，还需要进行仓储条件和仓储年份的认证。

"茶业是一个江湖。"这句话形象而深刻地表明了独立认证体系和严格管理体系的严重缺失。

金字塔是一种结构，也是一种秩序，需要一套独立的、严谨的认证体系来支撑，也需要一套独立的、严格的管理体系来维护，只有这样才能建立起消费者的信任，从而降低消费者的信任成本。

03

中国茶消费

饮品越来越丰富，
茶如何参与竞争？

一、用比较思维看中国茶

1. 中国茶与香烟、中国茶与白酒

对中国人而言，烟、酒、茶这三大类产品有以下三种相同的属性。

一是嗜好性产品，即时间长了会对其形成依赖，甚至成瘾，其程度因人而异。

二是礼仪载体。来客人了要敬烟、上茶，吃饭时要敬酒，走亲访友时还会带上一份烟、酒或茶作为礼品。

三是分享型产品。有了好烟，会随手分享一盒或两盒烟给烟友；有了好酒，会约三五酒友品尝；有了好茶，会约茶友品尝，或随手分享一泡或两泡茶给茶友。

但是，人们在烟、酒、茶方面的消费心理和消费行为又有很大的不同。

很多人烟瘾难戒，不少人酒瘾难除，而有茶瘾者虽然也不少，但茶瘾远不如烟瘾、酒瘾那么强烈。

招待客人，烟和酒绝不可少，但茶似乎不是必须的。中国人讲礼仪、重情谊，哪怕日子过得并不富裕，招待客人的时候用的烟和酒的档次不会太低，但对茶的要求就没那么高了。大多数消费者对茶的价格与档次基本无感，茶产品也没有建立起价格标签和价值认知，这在本质上是中国茶没有实现商品化和品牌化。

烟可以不断火，酒不可以空杯，但是喝茶只需不断续水。某些场景中，人们可以抽掉多盒烟，可能喝掉多瓶酒，但一人一杯茶基本就够了，可以多次续水的喝茶方式大大降低了中国茶的消费量。在现行的泡茶方式下，茶中风味物质和有益物质的浸出效率太低。

我们再从货币支出上对比烟和茶。

假设每天消费一盒烟，单价分别为20元/盒、50元/盒、100元/盒三个档次，我们将同等货币支出转换为茶叶消费，按照每天三杯茶、每杯茶四克干茶进行计算，那么消费者可以承受的茶叶价格分别可达833元/斤、2083元/斤、4166元/斤三个档次。

如果每天不止一盒烟呢？

如果每天只喝两杯茶或一杯茶呢？

所以，消费者喝茶的货币成本并不构成茶消费的障碍。

2. 中国茶与咖啡

作为饮品，咖啡与茶更具有可比性。

咖啡也属于嗜好性产品，也是接待客人的一种礼仪载体，是现代人工作、生活、社交和休闲的"伴侣"。高端咖啡的冲泡也讲究仪式感，对冲泡工具和冲泡技艺的要求也很高。

在感官体验上，咖啡的香气和口味都更为浓烈，可感知性更强。由于这个特点，用纸杯喝咖啡就不会有太大的问题，而用纸杯喝中国茶就有问题，因为纸杯的内壁都有一种防水涂层，咖啡可以压住这个涂层的气味。

在产品分类上，咖啡豆可以简单分为"阿拉比卡（Arabica）豆"和"罗布斯塔（Robusta）豆"，二者简称为"阿豆"和"罗豆"。咖啡的加工工艺可以简单分为轻度烘焙、中度烘焙和重度烘焙三种。咖啡的产地大致分为三大产区，仅此而已。只有咖啡的深度爱好者才会对咖啡豆、加工工艺和产地等进行细化。

在产品形态上，咖啡有速溶、调饮、纯味三大层级，每一个层级都形成了几款经典的标准化产品。在此基础上，各个咖啡品牌再打造自己的个性产品。

咖啡的冲泡方式可简化为浸泡和意式浓缩两种。商用的大型咖啡机和家用的迷你咖啡机已经被广泛应用，各种冲泡咖啡的工具和技术，包括现磨咖啡的工具和技术，也实现了基本的标准化。

咖啡是不可以续水的，这一点非常重要。

在咖啡的"餐饮化、社交化、休闲化"空间上，各种咖啡厅分布到了大、小城市的大街小巷，并且已经有了数个大型的连锁品牌。而传统的中国茶馆大都步履维艰，还没有出现大型连锁品牌，只有不多的很小型的区域连锁品牌。

在零售渠道上，咖啡进入了各种超市、便利店等公共渠道，而中国茶还停留在专业渠道中。

在品牌上，咖啡不仅有了数个世界级的大而强的品牌，也有了众多个性化或区域性的小而美的品牌。

在知识体系上，咖啡的产地、工艺、产品等基础知识都更为简约、更为通俗、更为易懂，同时搭建了消费晋级的知识体系台阶。

在文化上，咖啡是外来文化。

在总体呈现上而言，咖啡已经是工业文明的产物，而中国茶还处在从农业文明向工业文明晋级的过程中。

最后对比一下茶和咖啡的关键加工环节的差异性。

茶叶和咖啡都可分为两大加工环节：初加工和精加工。

咖啡初加工，是指把咖啡鲜果制成咖啡豆并进行干燥处理，其对加工技术、加工设备和加工环境的要求不高，对咖啡品质的影响也不大。咖啡加工的核心环节是精加工，就是咖啡豆的烘焙，各家企业都有自己的核心烘焙技术和核心烘焙装备。

茶叶初加工，是把茶鲜叶制成干茶。茶叶初加工环节对茶叶品质的影响很大，甚至可以说茶叶初加工环节基本决定了茶叶的品质，所以其对技术、设备和环境的要求都很高，这是茶叶加工的核心环节，而到了茶叶精加工环节再提升茶叶品质就只有很小的空间了。

这里隐藏着一个非常重要的问题：采摘下来的茶鲜叶和咖啡鲜果运输到初加工工厂，不仅有时间要求，还有对运输半径和运输方式的要求，所以初加工工厂只能建在茶园附近和咖啡园附近。但是，茶叶初加工工厂的投资规模、技术要求和运维成本都远高于咖啡初加工工厂，而茶叶产业链在初加工环节的运营效率远低于咖啡的初加工环节。

3. 中国茶与法国葡萄酒

中国茶和法国葡萄酒都有悠久的历史文化，都有各自的品饮技艺和仪式感，在产品个性化中都包含了品种要素（茶树品种、葡萄树品种）、产区地理和气候要素、栽培管理要素、制作工艺要素、仓储要素等。

在产品层面上，法国葡萄酒是深加工产品，中国茶是浅加工产品。

在生产方式上，法国葡萄酒基本实现了工业化，并有着极其严格的标准，而中国茶还在工业化和标准化的路上。

在种植方式上，法国对酒庄的葡萄种植环节制定了极其严格的标准，包括葡萄苗、葡萄树行距、株距、末端葡萄枝离地面的距离、修剪法、采摘、施肥等。

法国葡萄酒具有超过2600年的酿造历史。

1855年，借助巴黎世博会，法国构建出了闻名世界的1855年列级酒庄分级系统。

在接下来的数十年时间里，法国官方的法国原产地控制命名管理局和非官方的法国葡萄酒行业协会，逐步建立和完善了以AOC（原产地命名控制）为核心的法国葡萄酒产区分级体系与管理制度，在2012年将其修改为以AOP（原产地名称保护）为核心的产区分级体系，将4个等级合并、简化为3个等级。（图3-1）

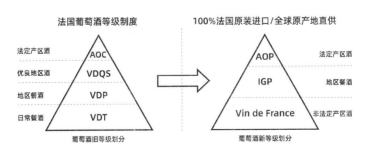

图3-1 法国葡萄酒的产区分级系统

所有法国葡萄酒在不同环节还受到4个机构[法国国家葡萄酒及烈性酒控制命名管理局（INAO），法国国家葡萄酒行业管理局（ONIVINS），法国国家竞争、消费、反欺诈管理局（DGCCRF），法国国家税务总局（DGI）]一系列的严格监督。

这套分级体系与管理制度的严格实施、监督和管制，成就了法国葡萄酒在世界上的地位。

法国葡萄酒的产区分级体系与管理制度，对中国名优茶具有重要的参考价值。

科学、合理、严谨的产区分级，以及完整的实施、严格的监督与管制，中国名优茶能做到吗？如果我们做得到，中国名优茶就有机会走向世界，否则，中国名优茶走向世界恐怕只是个奢望了。

二、用竞争思维看中国茶

1. 在产品的角度，中国茶既要面对外部竞争，又要参与内部竞争

中国茶面临的外部竞争的首要对手是咖啡，咖啡也属于嗜好性产品，也是接待客人的一种礼仪载体，是现代人工作、生活、社交和休闲的"伴侣"。高端咖啡的冲泡也讲究仪式感，对冲泡工具和冲泡技艺的要求也很高。其次是可乐，可乐也属于风味饮品和轻度嗜好性产品。再其次是各种植物饮料、功能饮料、乳品饮料和其他饮料。最后是瓶装水。（图3-2）在工业化时代，各种饮品（饮料）层出不穷，其中有国际大品牌，也有中国大品牌，更有越来越多的新品牌；有经典口味，也有新兴口味。不同的饮品（饮料）主打不同的卖点，围绕营养、好喝、方便、好玩四大核心要素构建出了五光十色的饮品（饮料）世界，各种茶饮料也加入其中。

图3-2 中国茶的外部竞争

就内部竞争而言，中国茶分为六大茶类，六大茶类之间有竞争；大茶类之中有很多小茶类，小茶类之间也有竞争。小茶类之间的竞争更为惨烈，因为绝大多数的小茶类都面对同一个区域市场，而大家的产品、经营模式都较为同质化。各个品牌之间有竞争，品牌茶和无品牌散茶有竞争，无品牌散茶之间更有竞争，竞争者是茶企业、茶商、茶农。（图3-3）因此，如果在产品和经营模式方面做不出明显的差异化，茶企业在竞争中就没有优势。

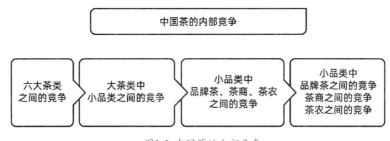

图3-3 中国茶的内部竞争

中国茶企业，以及茶商、茶农，唯有做好自己，才会在竞争中占有更大的份额。

在竞争中贬低和诋毁别人的茶企业、茶商、茶农，不可能成为胜出者。

在兼具嗜好品和礼仪载体的中国三大类产品（烟、酒、茶）中，中国茶在很多方面需要向白酒学习、向香烟学习。

面对茶的外部竞争，中国茶尤其需要向咖啡学习。

面对茶的内部竞争，茶品牌的核心命题是作出自己的特点和个性，要树立自己旗帜鲜明的价值观，同时提升自己在各个环节、各个方面的专业化能力。品牌向上突围，市场向外突围，营销向深突围。

2. 在消费者的角度，是多元选择、多重选择和多样选择

在多元选择中，如何让消费者选择茶？

在多重选择和多样选择中，如何让消费者选择你的茶？

我认为，中国人喝茶是无须进行教学的，茶早已经刻在中国人的基因里、流在中国人的血液里。

但是，面对越来越多、越来越激烈的外部竞争，中国茶需要做一些改变。中国茶是由众多的品类品牌、区域公用品牌、企业产品品牌等共同支撑的，是由各种各样的产品共同承载的，是由我们的语法体系、表达体系、体验体系等共同传播的。

同时，面对越来越多、越来越激烈的内部竞争，区域公用品牌和企业产品品牌是竞争的主角。

竞争，外显的是一种行为，而其内在是一种思维和能力。

所有的竞争能力都是由内而外的，只有不断升级竞争思维，才可能提升竞争能力，最后才可能在竞争行为上保持不败、保持领先。

三、中国茶的奢侈品逻辑

奢侈品的逻辑是吸引消费者。

奢侈品重在满足消费者的情感需求、文化需求和身份需求，其次才是满足消费者的功能需求和物质需求。但是，这并不意味着奢侈品的功能属性可以降低，恰恰相反，奢侈品必须无止境地提升品质，在细节上无止境地追求极致。

中国名优茶的高峰应该是奢侈品。

地理自然条件不可复制的微小产区，经历长期演变和大自然选择的独特的茶树品种，不断改进、不断改良的针对性制作工艺，特别设定的有关冲泡与品饮的技术、艺术、流程、茶具、用水、环境等一整套的仪式，各个环节都有历史故事和文化渊源，使得产品具有鲜明的独特性，更具有严苛的稀缺性。

奢侈品的品牌是"高冷"的，是被竞相追逐的。

奢侈品的营销必须是精准的。

少数奢侈品级别的中国名优茶，是有消费门槛的，不仅仅需要消费者有经济能力，更需要消费者懂茶，即"懂我，才有资格爱我"。

四、中国茶的消费品逻辑

奢侈品的逻辑是吸引消费者，而消费品的逻辑是满足消费者。

杰出的企业不仅要有能力发现消费者的显性需求，还要有能力洞察消费者的隐性需求。

消费品首先要满足消费者的功能需求和物质需求，其次才是满足消费者的情感需求和文化需求。

中国茶的消费品策略：茶知识必须通俗易懂，产品线必须降低价格垂直度（收窄价格区间），在高辨识度的基础上拓宽产品品类，降低消费者的选择难度，产品好喝、好闻、好看、健康，包装简约、好看，价格亲民，品牌有温度，营销有深度。

中国茶的消费品之路还很漫长。

五、中国茶的快速消费品逻辑

国际数据公司把茶叶列为快速消费品,但中国人喝茶不够"快速",表现在很多人的喝茶频次不高,并且在喝茶时习惯反复续水。部分茶类诉求耐泡,甚至"七泡有余香"。

加快茶叶的消费速度,也就提高了茶叶的消费量。

中国茶的快速消费品策略如下:

首先,在产品的品类方面做减法,将茶知识通俗化。产品的单价低但品质无硬伤,外包装简约而且采用小装量,内包装独立而且标准化,还要沉淀出经典款产品。

其次,在冲泡方面,简单、方便,让消费者时时处处都可以喝茶,并且产品对水质的要求不能太高。

再次,在营销方面,建设亲民大品牌,建立公众信任,使产品进入超市、便利店等公共渠道,让消费者随时可以购买。

最后,茶企业必须具备规模化能力,尤其是供应链的规模化和销售的规模化。茶企业的盈利模式也只能是通过规模化而实现盈利。

面对当前的现实,我们不得不承认,中国的传统茶企业基本不具备打造快速消费品的能力。

六、中国茶的新消费逻辑

在物质丰富时代长大、在现代都市中工作和生活的一些年轻人,他们的消费价值观、消费动机和消费行为都有别于他们的上一代。他们认为物质的极大丰富和生活的极大便利都是理所当然的,他们更注重"悦己",更喜欢专业化的工作,追求更简单、更有品位、更个性的生活。

他们的消费被称为新消费。

他们对茶的需求是：好玩、好喝、简单、健康、有品位。

针对新消费中的茶消费，茶企业需要做好以下四点。

第一，提高吸引力。茶企业可以通过包装设计、品牌表达与传播、营销新玩法等手段，快速吸引他们的注意力，调动他们的体验欲、购买欲和消费欲。

第二，低成本试错。茶企业在单品方面可以采取小包装、低单价的产品策略，让他们哪怕买错了也不会心疼。

第三，冲泡便捷、好玩。取茶、泡茶的操作不费脑、不费力、不费时，最好还有一点好玩。

第四，好喝。好喝的内容很多，主要是指产品有茶味但不要太苦涩，也包括香气好闻，汤色和叶形好看，顺便有益于身体健康。

系统化地做好上述四点，他们就容易形成茶消费的闭环：购买、饮用、推荐、复购。

七、中国人喝茶的两种方式

喝文化茶包括奢侈品的茶，主打的是仪式感，包括优雅的氛围、考究的茶具与道具、严格的流程、精湛的技术和优雅的艺术等。

喝生活茶包括各种消费品的茶，主打的是基于场景的便捷性，这里提到的场景包括各种工作场景、社交场景、聚餐场景、休闲场景、旅行与移动场景等。

把仪式感做足，是对文化的尊重；

把便捷性做好，是对生活的尊重。（图3-4）

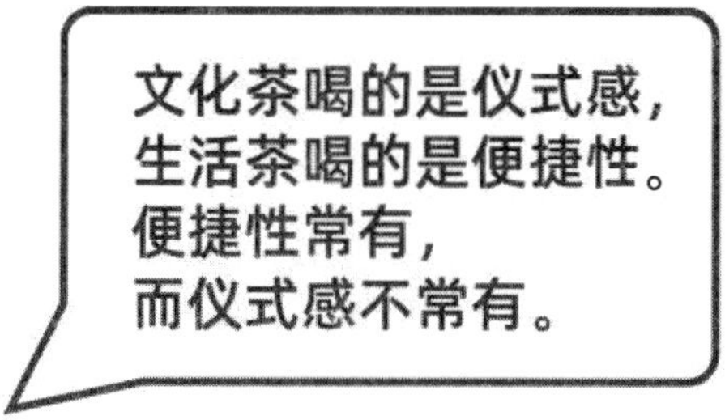

文化茶喝的是仪式感，
生活茶喝的是便捷性。
便捷性常有，
而仪式感不常有。

图3-4 中国人喝茶的两种方式：文化茶和生活茶

八、中国茶消费的四个刚性需求

在消费行为上，喝茶不是刚性需求，或者说喝茶的刚性需求不强。如果把与喝茶相关的消费行为称为喝茶的话，那么喝茶至少有四个刚性需求。

第一，每年的春茶是刚性需求。经历了漫长的冬天，许多中国人都会用一杯春茶感受春天的到来，自饮或分享，抢鲜或稍作等待，喝高等级茶或普通的茶。春茶不可没有，一些资深茶客会在此时一次囤够一年的茶。

茶企要抓住春茶这个刚性需求，事先必须做好充分和周密的准备，包括供应、生产、物流、营销等所有细节上的准备，在确保产品品质和服务品质的前提下，穷尽一切办法提升市场响应速度和整体运行效率，在特殊情况下可以把成本排在次要的位置。

第二，茶作为礼品是刚性需求。在中国文化的背景下，中国人的礼品需求是刚性的，茶是健康的饮品，是中国文化的绝佳载体。事实上，在品牌茶的市场中，礼品茶一直占有极高的比重。

茶企要做好礼品茶，必须打造3～5款经典款产品。所谓经典款产品，是要品质恒定、包装不变，同时要价格稳定，并建立价值的"商业语言"和价格的公众认知。

第三，接待场景中的茶水是刚性需求。"茶，上茶，上好茶"是中国人接待客人的传统礼仪，现实中，接待场景的茶水已经延伸到咖啡、白开水等。有没有茶水是第一个问题，茶水好不好喝是第二个问题，但是，茶还没有很好的解决方案，相对而言，咖啡就有比较好的解决方案。

茶企业若要满足接待茶水这个刚性需求，重点不是茶，而是有关泡茶的解决方案。茶企业需要在卫生、快捷、简便和品质、品位等要素中进行取舍与平衡。

第四，基于茶的第三空间是刚性需求。现代都市人的商务、社交、休闲需要第三空间，这是较为刚性的需求，酒吧中的清吧、静吧等，以及高端足浴、高端洗浴等，本质上都属于第三空间。中国传统茶馆并没有很好地满足这个刚性需求，而咖啡厅、咖啡馆等场所则比较好地满足了这个需求。

2023年1月，中国茶业商学院推出了年度观察文章《喜忧新中式茶馆》，其原文作为附录三收录于本书，读者朋友们可以进行延伸阅读。

◎ 本章杂谈

1. 小孩子喝爸爸泡的茶

在物资短缺、饮品单一的时代，饮食习惯很容易自然传承。因为口渴或好奇，许多小孩子都会喝爸爸茶杯里的茶，尽管龇牙咧嘴皱眉头，但没有其他饮品可以选择，就这样喝着喝着，接受了茶的味道，养成了喝茶的习惯。

在物质极大丰富、饮品多样的时代，小孩子可选择的饮品太多了，慢慢地，他们不再靠近爸爸的茶杯了。

这就是竞争，争夺的对象是消费者的胃。

中国茶必须承认竞争，也必须面对竞争、参与竞争。

随着技术的进步、商业的升级，竞争已经进入全面、系统、专业的阶段。所有自以为是的茶企业，都必定在竞争中败下阵来。

2. 成也盖碗，败也盖碗

过去二十多年来，盖碗泡的泡茶方法为中国茶的推广作出了很大贡献，现如今，已经是"盖碗泡，泡所有"的泡茶景象了。

但是，盖碗泡这一泡茶方法不仅需要盖碗，还需要茶桌、茶盘和品茶杯，而且泡茶者必须练就不怕烫的手指，当然也需要一点泡茶技术。

所以，盖碗泡这一泡茶方法又严重制约了"人人、时时、处处"喝茶的普及。

好在市场上出现了各式各样的创意茶具，而且还在不断改进中。比如，曾经的飘逸杯，现在各式各样的茶水分离杯、闷泡壶，都是推动中国茶普及的重要茶具。

中国茶业"成也萧何败也萧何"的事情很多，盖碗泡只是其中之一。

当年的紧压茶确实便于堆码和运输，但也制造了撬茶的麻烦。

中国名优茶讲究叶子的完整性和匀整度，这给茶叶采摘的机械化带来了阻碍。

中国茶还有个耐泡的悖论：耐泡证明了茶叶中的内含物质丰富，但一泡茶喝一天，大幅降低了茶叶的消费量。

中国茶文化追求"源远流长、博大精深"，但这种文化造成了很多消费者对茶的"高山仰止"、望而却步。

3. 绿茶时令茶

春茶是中国人的刚需。经过漫长的冬天，一杯新鲜的春茶满足了人们对春天的期待。

追新、追鲜、抢先，成就了中国春茶季的产销两忙。

为了抢先，茶科学家培育出来了早熟品种，茶农千方百计地让春茶抢先进入市场，茶商则日夜兼程地卖春茶，但品牌茶企业就为难了：春茶在开采阶段的产量很低，而且茶叶"一天一个样、一天一个价"，但品牌茶必须保证茶产品品质的标准化、稳定性和价格的稳定性。很多消费者并不能理解春茶开采阶段的时令性特点。

为了抢先抓住消费者，"谢裕大"品牌企业想出了一个办法，即直接上市时令茶，对每天生产的新茶明确标注日期、制定当天价格，供消费者选购。10天左右以后，春茶的产量大了，品牌茶企通过拼配，让春茶的品质达到标准化并且稳定下来，产品价格也稳定下来。

这真是个一举三得的办法：尊重了开采阶段春茶的品质和价格的变化，抢先抓住了追新、追鲜的消费者，不打乱品牌茶的品质标准化和价格稳定性。

但是，无论在内含物质上还是在品饮价值上，春茶并非越早越好、越新越好、越鲜越好。

04

第四章

中国茶产品

好喝是硬道理。

一、一杯中国好茶的五大要素

何为一杯好茶，这是个问题。

现行的中国茶的专业审评采用的是通过"外形、汤色、香气、滋味、叶底"进行审评的"五因子法"。在各大茶类审评中，五因子的占比略有不同，如绿茶的五因子占比分别为25%、10%、25%、30%、10%。（图4-1）

表4　各茶类审评因子评分系数 %

茶类	外形(a)	汤色(b)	香气(c)	滋味(d)	叶底(e)
绿茶	25	10	25	30	10
工夫红茶(小种红茶)	25	10	25	30	10
(红)碎茶	20	10	30	30	10
乌龙茶	20	5	30	35	10
黑茶(散茶)	20	15	25	30	10
紧压茶	20	10	30	35	5
白茶	25	10	25	30	10
黄茶	25	10	25	30	10
花茶	20	5	35	30	10
袋泡茶	10	10	30	30	10
粉茶	10	10	35	35	0

图4-1 各茶类审评因子评分系数

需要说明，专业审评的目的是通过对茶叶的评价，倒逼生产者改进制茶技术。茶行业流行的"斗茶"活动，在本质上也是这个目的。

站在消费者的立场，我认为叶底这一要素是多余的，应该只保留外形、汤色、香气、滋味四个要素，而且，外形、汤色、香气、滋味的占比也不合理。我认为，将四者按重要性排序应该是：滋味、香气、汤色、外形。

一杯好的中国茶，除了上述的四个要素，还有功效要素。尽管我不赞同夸大饮茶的功效，但无论是临床统计还是医学机理研究，都证明了长期饮茶是有益于身体健康的，并且不同的茶，其健康功效也略有不同。

所以，一杯中国好茶的五要素是：

色、香、味、形、效。

我们爱上一杯茶的过程大致是：

始于"颜值"，陷于香气，忠于滋味，益于功效。

我们爱上一杯茶的逻辑大致是：

茶的汤色和外形是有距离的吸引力，

茶的香气是近距离的诱惑力，

茶的滋味就是零距离的"肌肤之亲"了，

茶的功效在于长期饮用。

关于茶产品，必须是：

高端无短板，低端无硬伤。

也就是：

高端茶的各项分值都不能低，并且全部都要力争高分；

低端茶的各项分值都可以低一些，但不能出现特别低的分值，更不能有负分，比如农残超标、茶中有非茶物质等。

在各项分值中，除了茶叶内质的各项分值，还有茶包装、喝茶体验、茶渠道便利性、茶服务等各项分值。

二、一杯中国好茶的七大环节

茶从业者都在说：一杯好茶来之不易！

那么一杯好茶是"怎样炼成"的呢？我认为有七个环节，如图4-2所示。

图4-2 一杯中国好茶的七个环节

1.茶树品种

茶树品种分为两大类：一类是区域环境自然选择出来的茶树品种，极具区域个性，很难跨区域移植，即使移植成活了，但生长几年后就失去了原品种的个性特征；另一类是利用现代科学与技术培育出来的优质品种，以及自然变异出来的新品种，这两类品种大都可以跨区域推广种植。

2.区域自然环境

区域自然环境包括气候类型、气温特征、降水情况和光照情况等气候要素，以及地质、地貌、生态等地理要素。

3.栽培管理

栽培管理的基础是茶园的形态与结构，然后是除草、施肥、灌溉、修剪和防治病虫害等茶园管理方式。

4.当年气候

即使同一个小区域，其每年的气候，如气温、降水、光照等，都可能出现变化。

5.制作工艺

上述的四个环节决定了茶鲜叶的品质，再加上茶的加工工艺和制作工艺，就基本决定了干茶的品质。

6.储运方式

茶叶的加工和制作，其目的是将茶鲜叶脱水，以满足消费者喝茶的时间需求和空间需求，因此干茶就有储藏和运输的过程。储运方式的核心是包装材料、包装技术和包装方式，以及仓储条件和运输条件。

7.冲泡方法

对消费者来说，干茶是半成品。呈现一杯好茶最后的关键环节是合理利用冲泡工具和运用冲泡技术。

上述七大环节的各个环节虽然可以进行一些相互弥补，但不能相互代替。所以，成就一杯好茶，七大环节缺一不可，只是不同品类的茶，其各个环节的重要性略有不同。

三、什么样的地方茶可以全国化

中国有上千个产茶县，历史产茶县也有数百个。在农业社会，受到技术、交通和产量的限制，以及人们的活动半径较小，茶叶的产和销的基本格局是"本地人喝本地茶"，也体现了自给自足的小农经济，只有极个别产茶区的茶被运输到外地，甚至外国。

北方人爱喝的花茶，其起源就是在以前的长途运输中，包装技术欠缺导致茶叶受潮并吸附了各种异味，因此茶从业者只好用花草熏制茶叶并再次烘干，以压盖异味、去除杂味。

红茶的英文是"black tea"，这一名字的由来也是由于包装技术欠缺，导致茶叶在长途海运中受潮和氧化而转化成了"黑色的茶"。后来将错就错，中国黑茶的英文只好采用"dark tea"。

历史上的本地人喝本地茶的传统，培养了人们喝茶的区域偏好，也让各地形成了丰富多样的饮茶风俗。

改革开放以后，中国工业化发展迅速，中国茶就出现了双向多元化的变化趋势。

一种是各地消费者不再只限于喝本地茶了，而是愿意尝试各种外来的茶。

另一种是地方茶都在努力地走出本地市场，走向全国各地。

这两种发展趋势，得益于技术的进步、交通的便利、产量的提高，加上中国城镇化的发展，以及传统户籍制度的松绑，中国人的流动性加剧，人口的迁徙规模增加、迁徙距离拉长，从而使家乡茶被带出家乡，带到全国各地。

但是，规模化和品牌化地销往全国各地的地方茶并不多。

第一批全国化的茶应当是安溪铁观音茶和云南普洱茶，接下来就是武夷岩茶、西湖龙井茶、安化黑茶、安吉白茶、福鼎白茶等。

其实，几乎每一个产茶区的政府、茶企、茶商和茶农，都有让他们的地方茶全国化的梦想，并且都很努力、都很坚持，但获得成功或取得成效的地方茶少之又少，有些地方茶甚至名优茶还出现了市场萎缩的局面，包括在传统的当地市场。

市场是充分竞争的结果。地方茶获得成功的原因有很多，未获得成功的原因也有很多，但最根本的原因到底是什么呢？

我的答案是：产品魅力。

香是茶之风骨。安溪铁观音茶当年横扫大江南北，凭的是清香型安溪铁观音茶特有的茶香。北方人喜欢喝的花茶也很香，但主要是花之香，而非茶之香。大多数南方人喜欢喝的绿茶也有茶香，但绿茶的香味偏轻、偏淡，而清香型安溪铁观音茶的香味更浓、更有魅力。

变化是一种魅力。云南普洱茶和武夷岩茶的产品力就是"变化"。不同山头、不同树龄、不同工艺、不同仓储年份的普洱茶，不同微产区、不同茶树品种、不同焙火程度的武夷岩茶，其香气和滋味等感官要素都变化多端，有些变化很明显，有些变化很微妙，追寻变化，体验变化，魅力无穷。

西湖龙井茶的扁平外形、米黄色泽、浓郁豆香，构建出了西湖龙井茶的高辨识度。

安化黑茶大张旗鼓地诉求健康性。

安吉白茶无与伦比的鲜爽，令人一见钟情。

不同级别和不同仓储年份的福鼎白茶，其香气和滋味几乎覆盖了男、女、老、少消费者。对于不喝茶或涉茶不深的消费者，以及女性、青少年等，白茶的新茶几乎没有苦涩味，还有悠悠的茶香、淡淡的甜味和丝丝的鲜爽。而对于有了喝茶习惯的消费者，他们更加偏爱白茶中有一定年份的老茶，因为这种茶有着较为浓郁的茶香和茶味。

历史文化当然很重要，但安吉白茶的规模化繁殖、栽培，至今才四十年时间，而且是一种价格不低的娇嫩绿茶；在湖南市场上热销的保靖黄金茶，是一种价格不菲的绿茶，但黄金茶品种的规模化繁殖和栽培，至今还不过二十年时间。

所以，茶的历史文化只是茶的加分项。

上述地方茶的全国化现象及其根本逻辑，验证了我在第一章表述的观点：现代中国人喝茶的三大价值中，"愉悦价值"优先，"健康价值"次之，"载体价值"只是加分项。

所以，茶从业者一定要想清楚：你这里的茶有什么优势去参与全国茶市场的竞争，你这里的茶凭什么能得到全国各地消费者的喜爱。

再重复一遍：茶，好喝才是硬道理。

四、中国茶的分类法

1. 制作工艺分类法

现在最常见、最通行的分类，是把中国茶分为六大类：绿茶、白茶、黄茶、青茶（乌龙茶）、红茶、黑茶。这是按茶的颜色分类，算是一种消费者语言。这种分类在本质上是按加工工艺中的发酵程度进行的分类，具体的专业表述是：不发酵茶（绿茶）、轻发酵茶（白茶、黄茶）、半发酵茶（青茶、乌龙茶）、全发酵茶（红茶）、后发酵茶（黑茶）。

这个分类法是陈橼教授的一个巨大贡献，极大地推动了中国茶的规范化发展，也形成了一套便于与消费者沟通的语言体系。

但在今天看来，这个分类法又限制了中国茶的创新发展，也增加了生产者和消费者的沟通成本。

现在的一些茶产品已经突破了传统工艺的限制，形成了新的工艺或融合了各个茶类的优势工艺。

不少人依照干茶或茶汤的颜色，认为武夷岩茶是红茶。还有，要跟消费者说清楚福鼎白茶和安吉白茶不是一个茶类，需要费一番工夫，而问题出在安吉白茶的命名上（下面会有说明）。再就是普洱茶的生茶应该属于哪一类茶，这一点在行业内颇有争议。

2. 茶树品种分类法

按茶树品种进行的茶叶分类法没有普及开来，只在行业内或资深茶客中存在。比如大叶种茶、中叶种茶、小叶种茶，就是一种按茶树品种分类的方法。

近些年在市场上销售量较好的安吉白茶和保靖黄金茶，还有浙江余姚的黄金芽茶、云南的紫娟茶等，都是以自然变异出来的新品种茶树上的茶叶为原料制作而成的茶。这些茶个性十足，自成品类，有的还成功注册成为区域公用品牌。因为很受消费者喜爱，这些新品种的茶树被大规模地跨区域移植，由此又出现了品类名称的困扰。

原产于湖南保靖县的黄金茶品种，已经注册了"保靖黄金茶"这一区域公用品牌，但其种植区域扩大到湘西州以后又注册了"湘西黄金茶"这一区域公用品牌，而保靖县是湘西州的一个县。这样一来是不是有点乱？

原产于浙江安吉县的"白叶一号"，已经被注册了"安吉白茶"这一区域公用品牌，而其被大规模移植到全国很多地方后，各个地方的"白叶一号"茶应该用什么名称呢？

个性鲜明并深受消费者喜爱的新品种茶树被跨区域移植是不可阻止的，而且也不应该阻止，还应该鼓励。

我认为，茶树品种分类法需要制定新的规则。

比如，我认为"安吉白茶"应该更名为"安吉白叶茶"，一是明确了"白叶茶"是品种属性，与工艺属性的"福鼎白茶"区别开来；二是"白叶一号"的品种原产于安吉县，安吉县理所应当得到这个名字。"白叶一号"被移植到各个地方以后，应该都被统称为"白叶茶"。

3. 产地分类法

按茶产地分类有两个核心要素：一是明确的地理范围，二是不同地理范围的茶有明显的差异。

历史沿袭下来的中国四大茶区（江北茶区、江南茶区、华南茶区、西南茶区）的划分有一定的合理性，但名称欠规范。江南茶区、华南茶区、西南茶区，有地理区划的交叉性，这一点在对外传播中需要详细说明。

山东日照市的绿茶被称为"北方绿茶"，那么山东青岛市崂山的绿茶更应该是"北方绿茶"了，而陕西南部、河南南部、安徽北部和江苏北部的茶是不是"北方绿茶"呢？

福建茶在产区上划分为闽南茶和闽北茶，比较合理。

中国名优茶采用了两个基本要素进行命名，一个是产地要素，一个是工艺要素。工艺与产地的组合，来自"适制性"，龙井工艺适用于西湖的茶，毛峰工艺适用于黄山的茶，毛尖工艺适用于信阳的茶……这是中国茶业先辈的智慧结晶和实践成果。

进一步，中国名优茶的产区范围限定存在诸多问题，一是按照行政区划进行划分的不合理，造成了不少尴尬的案例；二是名优茶的历史产区被人为扩大的不合理，这来自产区政府的冲动。

更大的问题是，即使在不合理的产区划分下，中国名优茶的产区管理也是形同虚设。案例很多，我就不一一列举了。

茶树品种可以移植，制作工艺可以复制，唯有产地不可复制。

所以，中国茶的产地分类应该更加系统、更加严谨、更加规范。

4.消费分类法

上述的制作工艺分类法、茶树品种分类法和产地分类法，在本质上都是生产端的分类法。在消费主权时代，中国茶需要更加关注消费者、更加关注消费场景、更加关注消费价值，因此我认为中国茶应该有科学、合理、精准的消费分类法。

事实上，已经逐步流行开来的文化茶、礼品茶、生活茶、口粮茶、办公茶、餐前茶、减肥茶……就是悄然进行的对中国茶的消费分类。

过去几年，我们都在讨论中国的消费升级，企业做产品、做品牌、做营销都在讨论"细分"，包括消费者分圈、分层，消费分场景，关注和讨论的都是消费端的"细分"问题，中国茶应该及时跟上。

中国茶，分类的落脚点是类而不是分，即分出的类的外延或内涵，至少要有一个非常明确的差异，否则这个分类就没有意义。没有任何差异的几个类或若干类也应该合并为一个类，从而降低消费者的识别与选择成本，也降低企业进行市场运作时的商业成本。

此外，茶产品要想从一个品类中独立出来，就得找到并形成自己独一无二的个性，哪怕只有一个小个性，否则，这种努力就是徒劳的。

中国茶的制作工艺分类和茶树品种分类应该由茶叶学会组织和担当。

中国茶的产地分类应该由茶叶行业协会组织和担当。

中国茶的消费分类应该由茶企业组织担当，这也是茶企业的商业机会。

五、中国茶业的四个产品赛道

这本书主要讨论的是中国原叶茶，但是从茶资源的利用、茶产品的创新到茶消费的多元化来看，中国茶产业已经出现了多赛道的格局。在这一节，我们稍作拓展，更宽泛地讨论中国茶业的赛道话题。

从利用茶原料的方法上，中国茶业已经出现了四个赛道（图4-3），这个话题对茶产品的创新有参考价值，同时对茶叶种植、茶叶加工等产业链上游的创新也有参考价值。

第一，原叶茶产品：各种形态的原叶茶，包括原叶袋泡茶。

第二，"茶+"产品：各种原叶茶拼配各种可食用物质，可以简称为"调饮茶"，包括拼配好的固体茶，也包括现场制作的调饮茶，还包括调味的瓶装茶饮料。

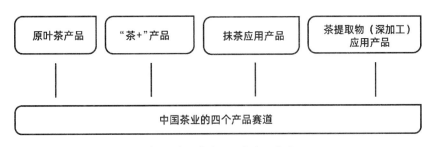

图4-3 中国茶业的四个产品赛道

第三，抹茶的应用产品：将抹茶应用到饮品、食品、美容护肤品、保健品、卫生用品等产品中，形成的各种各样的抹茶应用产品。

第四，茶提取物（深加工）的应用产品：利用现代技术手段从原叶茶中提取出有益物质，再将其应用到饮品、食品、药品、保健品、化妆品等产品中，形成的各种各样的茶提取物应用产品，包括使用原叶萃取技术的原味瓶装茶饮料。

对上述四个赛道的预判

第一，原叶茶产品中的名优茶，其市场总规模会逐渐萎缩，甚至会快速萎缩，行业洗牌在所难免，但原叶袋泡茶会保持增长。

在行业洗牌的过程中，名优茶企业的机会在于提高集中度或专注小而美，而普通原叶茶企业的机会在于提升创新能力、品牌能力、营销能力和供应链能力，比如基于泛产区、大产区或去产区和基于小工艺或大工艺的社交茶、生活茶、原叶袋泡茶等，以及规模化的原叶茶原料供应链。

第二，"茶+"产品的市场正在快速增长，未来会有很大的市场空间。企业的任务是做品牌，虽然传统茶企业可以在"茶+"的固体茶方向上大胆创新、勇敢尝试，但不大有机会参与现制调饮茶和瓶装茶饮料的C端品牌的竞争，机会在于做好原叶茶原料供应链。

第三，抹茶应用产品的市场已经启动，在未来会有较大的市场空间。生产型茶企业不大有机会在应用产品上参与C端品牌的竞争，机会在于做抹茶的原料供应链。

第四，茶提取物（深加工）应用产品的市场正在启动，在未来会有无限的市场空间。除了原味的瓶装茶饮料，其他应用产品的市场爆发还有待时日，我预计会在五年甚至十年以后。同样，茶企业几乎没有机会在应用产品上参与C端品牌的竞争，机会在于做原叶茶的原料供应链。

中国茶处在一个大的迭代周期中，我认为以下两个赛道很明确了。

一个赛道是传统名优茶将长期存在，但消费总量会萎缩，甚至会快速萎缩；另一个赛道是瓶装茶饮料将快速发展，尤其是原味的瓶装茶饮料。

除此之外的其他茶产品赛道，其产品、品牌及商业模式等都在大规模试错中，包括现制茶饮、抹茶应用、"茶+"袋泡茶、速溶茶等赛道。

需要特别注意的是：有的赛道可能是过渡性或阶段性的赛道。

绝大多数中国传统茶企业，不具备快消品的市场能力，因此在抹茶的应用产品、茶提取物的应用产品这两个赛道上，中国传统茶企业几乎没有机会，甘心和专心做原叶茶的原料供应链吧。

中国传统茶企业在"茶+"的固体茶方向上大有可为。

从生产端看，"茶+"产品、抹茶的应用产品、茶提取物的应用产品，都是以原叶茶为原料，这三个赛道都是原料茶产能的重要出口。

从消费端看，"茶+"产品、抹茶的应用产品、茶提取物（深加工）的应用产品，都是喝茶消费的重要入口，尤其是对青少年，然后他们会逐步转化到原叶茶消费市场，决定转化率的因素是年龄变化带来的身体变化和口味变化。在原叶茶消费中，他们还会从生活茶到社交茶再到文化茶，逐步晋级，影响这个晋级进程的因素有很多，如年龄变化、身体变化、口味变化、工作变化、收入变化、社会角色变化、生活方式变化等。（图4-4）

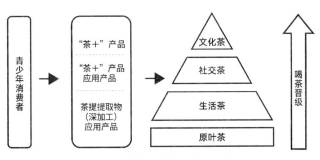

图4-4 现代青少年喝茶的演变路径

其实，咖啡的消费晋级之路就是如此。许多消费者都是以加糖、加奶的调饮方式开始喝咖啡的，然后逐步晋级到喝纯咖啡、现磨咖啡、小产区咖啡、微产区咖啡、大师咖啡等。

速溶咖啡的口味及其携带方便与冲泡简单的产品形态，为咖啡消费的快速大面积普及作出了重要贡献。

六、"茶＋"产品崛起的消费逻辑

在过去十年的时间里，原叶茶市场虽有起伏但总体平稳，但原叶茶的延伸产品（"茶＋"）在市场上风生水起。表现亮眼的产品主要是现制新茶饮、袋泡花草茶、调味的瓶装茶饮料，它们都是以原叶茶为主要原料，再搭配奶、果、健康草本、糖、食用香料等辅料，通过各种技术手段调配混合而成的产品，都属于"茶＋"产品赛道。

"茶＋"产品在市场上受欢迎，其背后的消费逻辑是怎样的呢？

1. 品牌潮、"颜值"高、玩法新

这些产品一开始就是走的品牌路线，而且都是奔着"潮品牌"去的：产品包装及体验空间都是高"颜值"；迭代快；营销策略新颖、多样，尤其是数字化营销做得很有深度。

2. 价格垂直度低，随手可得

现制新茶饮的单杯价格基本在十元至三十元之间，各个品牌的产品价格带更窄，袋泡花草茶的单泡价格基本在十元以内。由于价格垂直度低，消费者不会有自卑感，也不会形成鄙视链，在线上、线下购买都很便捷。

3. 好喝

这些产品通过添加辅料，保留原叶茶的核心滋味，缓解原叶茶的苦涩之感，从而改善饮品的口感或调配出特色口感。

4. 不用自己冲泡或冲泡简单

现制新茶饮无须自己冲泡，袋泡花草茶的冲泡非常简单、方便，二者都是消费速度快的产品。

5. 产品辨识度高，健康看得见

这些产品添加的辅料看得见、闻得到、喝得出，并且各种辅料的健康功效已被大部分消费者所熟知。比如在部分消费者已有的认知中，玫瑰花是美颜的，金银花是清热的，枸杞是滋养肝肾的，梨是清肺的，等等。

七、中国茶的商品化

我们可以这样简单理解：商品是为了出售而生产的产品。

出售，就要有使用价值，而且能定价，能流通。

现代商业社会的商品（简称为"现代商品"），必须有明确的使用价值，必须可重复生产和可批量生产，其内在品质和外在包装必须是标准的、稳定的，而且必须有品牌。

完整的现代商品，必须保证使用安全，还必须规范和完整地标注生产企业信息、真实的产品原料信息和功能信息、规范的使用说明、严格的生产日期，很多商品还要严格标注保质期、有效期等信息。

整体而言，中国茶的农产品属性还很强，距离现代商品的要求还有不小的距离。具体而言，中国茶企业需要大幅提升以下六个方面的能力。

1. 价值能力

茶企业要在多个维度提升中国茶的使用价值，包括愉悦价值、健康价值，以及轻度的精神价值和文化价值。

需要提到的一点是，很多餐馆提供免费茶水，这当然是餐馆的增值服务，但是，免费这一形式大幅拉低了茶的商业价值。

2. 成本能力

茶企业要在多个环节降低中国茶的综合成本，包括通过改变种植模式、升级生产方式、提高运营效率等降低消费者喝茶的直接成本，还包括通过推进品牌建设、渠道建设等降低消费者喝茶的间接成本。

3. 量产能力

茶企业要基于标准化和稳定性，进行批量化生产。其中，标准化是基础，稳定性是核心，批量化生产可以保证产品有基本的产量规模。

4. 规范能力

产品合格、包装合规、信息完整等多层次、多方面的规范化，不仅可以保证茶产品的品质和风味的稳定，还可以保证其产品线及包装的稳定。

5. 品牌能力

品牌能力的核心是围绕消费者识别与信任而进行的品牌化建设及运营。同时，茶企业要有市场拓展能力、渠道建设与运营管理能力、终端销售能力等。

6. 表达能力

商业语言是与消费者进行沟通的语言体系，具有广泛的通用性。茶企业要将现代化商业语言应用于茶种植、茶加工、茶产品、茶品牌、茶营销等各个环节。

八、中国茶的新产品开发方法论

过去十年间，中国茶的新产品层出不穷，几乎所有的茶企业都越来越重视对新产品的开发，但绝大多数所谓的新产品开发，不过是换一种包装设计，或者换一种包装形式，这是一种浅层的开发。

完整的新产品开发应该包括四个层面。（图4-5）

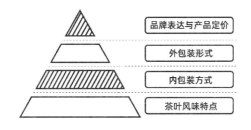

图4-5 中国茶的新产品开发方法论

第一层开发：基于茶叶的色、香、味、形等风味特色和功能特点的开发。

第二层开发：基于产品定位及泡茶解决方案的内包装方法及内包装材料的开发。

第三层开发：基于品牌调性和产品定位的外包装形式的开发，包括外形与尺寸、材质与工艺、茶叶装量等的开发。

第四层开发：基于品牌VI体系和品牌调性的包装视觉表达形式、包装文字表达方式和产品定价策略的开发。

四个层面都必须基于提升美感、质感和用户体验而进行开发。同时，四个层面的开发必须协同起来，从而呈现一款完整的新产品。

关于生活茶，2022年6月，中国茶业商学院推出了观察文章《生活茶，新风向》，其原文为作为附录一收录于本书，读者朋友们可以延伸阅读。

◎ 本章杂谈

1.产品是1,其他的都是1后面的0

传统中国茶的重要特点之一，就是有很多附加价值。现代商业社会中的茶产品，又多了包装、品牌、传播、营销等附加价值。

但是，消费者需要的是茶本身，喝进口中的是茶叶泡出来的茶汤。

我们不能本末倒置，更不能舍本求末。

当然，茶产品不仅仅包括茶的色、香、味、形、效五个要素，还包括产品形态，以及喝茶解决方案。

10年前，我在《中华合作时报·茶周刊》上发过一篇专栏文章，文章的标题就是：离开茶产品，莫谈茶营销。

我是一个彻底的产品主义者，我认为只有作出了好的甚至极致的茶产品，才能再谈茶历史、茶文化、茶故事、茶概念、茶模式、茶品牌、茶传播、茶渠道、茶营销。

做不出好的茶产品，其他的附加价值迟早都会归零。

2.有机茶的尴尬

有机化是人类对食品的追求，但是无公害才是人们的现实选择，其中，既有成本的原因，也有产量的原因，还有农田产出效率的原因。

有机栽培茶的成本高、产量低。因此，对于全部茶叶实行有机栽培并不现实，而严格依法、依规使用农药和化肥，使茶叶产品达到无公害标准，才是可行之路。农药残留检出和农药残留超标是两码事。各个国家对农药成分及其残留量有不同的标准。总体而言，发达国家的标准要高于发展中国家的标准。

在中国茶的产业实践中，有机茶的生产成本高，而消费者并不买账，核心原因有两个：第一，能够接受高价格茶的消费者毕竟是少数；第二，消费者对有机茶难以建立信任，这又来自于两点，一是有机茶认证的权威性尚未建立起来，二是消费者对有机茶难以进行直观判断。消费者对于有机栽培的瓜果蔬菜有一定的直观判断能力，而有机茶在外形上显得瘦小，容易被追求茶叶外形的消费者判断为"级别不高"。

3. 杯中浮叶的难堪

在日常的生活和工作场景中，"杯泡"是最为简便和常用的泡茶方式。

很多茶叶泡在杯中后并不会很快沉底，而是会较长时间地漂浮在杯中水面上，这种状态给喝茶者带来了困难。等茶叶泡透、沉底了再喝，时间太长了；端起杯子吹开浮叶再喝，则动静太大了，万一不小心把茶叶喝到嘴里了也很难办，吃掉不雅，吐回杯子里更不雅；万一茶叶沾到了嘴唇上就更难堪了。

对于某些消费者或某些场景而言，杯中浮叶带来的难堪是不能忽视的。

如果我们的从业者注意并重视这个问题，我相信我们就有办法解决这个问题。

4.原叶袋泡茶的麻烦

袋泡茶越来越受到消费者喜爱，是因为袋泡茶基本解决了消费者喝茶的三个"痛点"：一是投茶量标准化了，二是投茶、注水、品饮都方便了，三是处理茶渣和清洗茶杯变得简单了。

在西方较为流行的立顿牌袋泡茶，不是原叶茶，而是茶粉。茶粉的浸出效率高，设计为一次性使用，喝茶者可在冲泡2～3分钟后将茶袋取出，扔进垃圾桶。

中国消费者更喜爱原叶茶，因此在近些年来，原叶袋泡茶悄然兴起，被制作为"原叶三角包"，这大概是对原叶茶最后的一种尊重吧。

原叶袋泡茶显然不是一次性的，而是可以一直泡在杯子中，多次续水。但是，有些茶类更适合茶水分离的冲泡方式，也就是浸泡30～50秒钟后取出茶包，将其放置一边，喝完茶汤了再将茶包投入杯中加水冲泡，浸泡30～50秒钟后再次取出，如此反复多次。

茶水分离的冲泡方式接近完美，但问题是：

第一，需要一个防水的卫生用具，用于暂时放置取出来的茶包。

第二，暂时放置茶包的卫生用具上会留下茶水和印渍，观感很不好，喝茶者需要对其进行处理。

因此，对于原叶袋泡茶，喝茶者需要一个泡茶的解决方案。

第五章

中国茶品牌

产品是品牌的载体，
品牌是价值观的表达。

一、品牌化是中国茶的必由之路

现代社会是一个品牌社会，无论是经营产品还是经营服务，如果不能形成品牌，企业的经营行为就没有现代商业价值，至多算是一个生意。

对消费者而言，品牌的本质是识别和信任，品牌可以降低消费者选购产品时的识别成本、选择成本和信任成本。

对企业而言，品牌是以系统性的承诺获得市场信任，从而提升企业的盈利水平，降低企业的营销成本。

对政府而言，品牌建设是组织化的商业主体的长期行为，可以降低政府和行业组织的监管成本。

品牌，对外是一个完备的表达体系，其背后有着一个完整的运营系统。所以，一个成熟的品牌，在横向上（空间上）可以复制，在纵向上（时间上）可以传承。

品牌，可以大而强，也可以小而美。

中国茶，在历史上是小农经营的农产品。所谓"小农经营"，就是规模小；所谓"农产品"，就是标准化和稳定性不高。

小农经营的农产品，在市场上的重要表现之一是流通半径很小，通俗来讲，就是只能"在家门口混"，走不远，走不出去。

改革开放四十多年来，我国的商品经济日趋成熟，在这个过程中，我国市场上的消费品基本实现了品牌化。由于茶属于改善性消费，不属于生活必需品，所以，中国茶的产业化、品牌化相对滞后。

同时，传统中国茶的特点，如高度分散的种植方式、浅加工的产品形态、强体验的零售模式、半成品的冲泡方法、区域性的品饮偏好等，制约着中国茶的产业化发展和品牌化进程。现代科技、商业资本和商业人才三大要素都难以成规模地进入茶产业，这又使得中国茶的产业化发展和品牌化进程显得尤为艰难和缓慢。

此外，中国茶的生产者、经营者和消费者都进入了大规模迭代周期（参阅第八章"中国茶产业"的第一节"中国茶业的三'端'论"），这使得中国茶的传统发展模式越来越难以为继。

产业化、工业化、品牌化，已经是中国茶的必由之路。

我们要面对的是，在一定的周期内，中国茶的农产品属性会长期存在，但肯定没有未来。

无论是对于生活茶、社交茶，还是文化茶，茶企业都必须加快探索属于自己的品牌化模式和品牌化路径，加快品牌化进程。

品牌是长期经营的结果，是企业的无形资产。

若要建设品牌，茶企业首先需要具有正面的、向上的品牌价值观，以及与时俱进的品牌理念和品牌思维；其次，需要硬性投入，还需要专业化的操作；最后，需要时间来积累和沉淀。

二、中国茶品牌分为四大类型

十年前，我把中国茶的C端品牌分为垂直品牌、横向品牌和渠道品牌三大类。五年前，我又在这三大类品牌的基础上加了一个品牌类型：庄园品牌。（图5-1）

图5-1 中国茶的四大品牌类型

中国茶业商学院对上述四大品牌类型进行了专题研究，并剖析了大量案例，形成了专题报告，又将专题报告分别开发为中国茶业商学院总裁研修班的四个大型专题课程。下面只能列出专题课程核心内容的结构并进行简要的表述。

1. 垂直品牌

聚焦于单一茶类产品的品牌，称为垂直品牌。

垂直品牌的核心要素包括：

产品线垂直、产品定价垂直、产品风味垂直；

包装体系垂直、包装风格垂直；

茶知识垂直、茶文化垂直；

供应链深度垂直，建设示范性的全产业链；

市场区域垂直，以根据地市场、核心市场、战略市场、外围市场为基本市场策略。

垂直产品线中的高端产品线、中端产品线、低端产品线，应该分别用子品牌或分品牌运营。

垂直品牌企业的规模化路径是品类与产品的"⊥"型结构。扩充品类时，茶企业必须用相同原产地、周边原产地或去原产地的茶类，还必须分品牌运营。这个原则非常重要。太多茶企业在这个原则上犯错，不仅扩充的品类茶做不起来，还"稀释"甚至伤害了原有的垂直品牌。

2. 横向品牌

横跨多个茶类产品的品牌，称为横向品牌。

横向品牌的核心要素包括：

产品线横向、产品价格带（点）横向聚焦；

包装体系横向、包装风格横向；

茶知识横向、茶文化横向；

扁平化的星形供应链;

市场区域横向,以样板市场、区域市场、全国市场为基本市场策略。

品牌及其企业必须注册在非产茶区或第三方地区。

横向品牌企业在扩充产品价格带时,需要谨慎行事,如果失去了价格带上的聚焦,那么各个品类的产品就很难在与对应的垂直品牌的竞争中保持优势。

3. 庄园品牌

专注于经营自有茶园的品牌,称为庄园品牌。

庄园品牌的核心要素包括:

自有茶园的位置在城市周边(一个小时左右的车程);

自有茶园的规模在500亩左右,在周边环境中自成一体;

茶园植物多样性,既为了生态、为了美化,也为了产品多样性;

茶园功能多样性,不只是种茶、产茶;

茶园产品多样性,茶产品多样性,而且不只是出产茶产品;

茶园经营多样性,以茶为主题和核心,不只是产茶,不只是卖茶。

自有茶园承载品牌核心价值,因此,其所有产品、体验、服务应该都统一为一个品牌。

对于以多样性、个性化为核心魅力的中国茶,庄园品牌是重要机会,有着广阔的发展前景。

4. 渠道品牌

专注于茶产品零售的品牌,被称为渠道品牌,也可以称为零售品牌。

渠道品牌又分为封闭型渠道品牌、半开放型渠道品牌、开放型渠道品牌。

渠道品牌的核心要素包括（以开放型为例）：

品类丰富，包括茶周边产品；

在产品选择上，首先是选择品类，其次是选择品类中的品牌，最后是选择品牌中的产品线；

线上线下同品同价，数字化运营，相互导流；

以样板市场、区域市场、全国市场为基本市场策略；

在店面选址上，首先选大区，其次在大区中选城市，再其次在城市中选区域，最后在区域中选小区；

所有终端，统一采用直营连锁模式，或品牌方控股加盟连锁并托管运营的模式；

渠道企业若生产自有产品，最好采用独立的产品品牌。

最后这两个原则非常重要！

开放式渠道品牌需要以一批初具规模、基本成熟的垂直品牌为基础。

但是，中国茶的现状依然是"大品类、小品牌"，所以渠道品牌可以从封闭型渠道品牌开始做起，逐步转变为半开放型渠道品牌，最后走向开放型渠道品牌。

渠道品牌大有机会。

5. 其他业态品牌

中国茶馆属于服务业，茶馆品牌属于茶服务品牌，因此这一内容将在第十章"中国茶馆"中进行讨论。

中国茶业逐渐独立出来的三类B端品牌：

侧重于茶叶种植的茶园品牌；

侧重于茶叶初加工的茶加工品牌；

侧重于茶叶精加工的茶代工品牌。

这三类品牌的客户是茶企业和茶相关企业，不是消费者。对这类B端品牌会在第七章中另行讨论。

随着产业链分工的加速，还会出现集原料销售和原料采购于一体的第三方交易平台品牌，这是中国茶业的重要需求，也是中国茶业的重大机会。

未来肯定会出现基于消费者圈层分类、消费需求分类、消费场景分类、茶功能分类的茶产品品牌和茶服务品牌，对于这两种品牌，本书暂不讨论。

三、中国茶品牌的定位

讨论了上述话题之后，现在可以讨论有关品牌定位的话题了。

这一节只讨论上述四类品牌的品牌定位。

1. 垂直品牌的品牌定位

中国绝大多数传统茶企业做的都是垂直品牌。

垂直品牌聚焦于单一茶类，所以有着明确的地理、气候、人文等地域属性。

中国茶的任何一个茶类都有很高的价格垂直度，通俗而言就是价格跨度很大。中国茶的价格从十元级、百元级、千元级到万元级甚至到十万元级不等。一个垂直品牌是要包含全部价格带还是只取一段价格带呢？

在产品端，茶品牌定位包含茶产品价格定位和茶产品风格定位。所以，垂直产品线中的高端产品线和低端产品线，应该用子品牌或分品牌运营。产品的价格定位不同，其产品品牌的价值诉求点，包括产区、外形、季节、工艺、风味等便不同。

在消费端，茶品牌定位包含消费人群定位、消费偏好定位和市场竞争定位等。

在文化层，茶品牌要有明确的价值主张，要有鲜明的价值观。

产品是品牌的载体，脱离产品，品牌便是空的。

品牌是价值观的表达，没有鲜明的价值观，品牌便是假的。

最后两句话非常重要！以下不再重复。

2. 横向品牌的品牌定位

横向品牌是跨茶类的品牌，其产品价格也是横向的，其价格定位只能横向取点，可以取一个价格点或两个价格点，但不要超过三个价格点，并且应尽量避开各个品类头部垂直品牌的经典款、爆品的价格点。

横向品牌选择小品类茶需要遵循三个原则：

一是小品类茶已经具有较广泛的市场接受度，或者具有较好的市场前景；

二是小品类茶具有较高的辨识度；

三是各个小品类茶之间具有较为明显的差异化。

全茶类横向品牌，是在全品类中选择多个小品类茶。

大茶类横向品牌，是在一个大茶类中选择多个小品类茶，可以是绿茶横向品牌，可以是红茶横向品牌，可以是乌龙茶横向品牌，也可以是黑茶横向品牌。白茶和黄茶之中的小品类不够丰富，小品类茶之间的差异化也不明显，不适合做横向品牌。

区域横向品牌，是在一个产茶区域中选择该区域产的小品类茶，可以是福建茶横向品牌，可以是湖南茶横向品牌，可以是安徽茶横向品牌，可以是贵州茶横向品牌……如果一个产茶区域中的小品类茶不够丰富或小品类茶之间的差异化不明显，那么这个区域就不适合做横向品牌。

在消费端和文化端，横向品牌的定位难度比垂直品牌大得多，需要更强的抽象能力和提炼能力。

3. 庄园品牌的品牌定位

庄园品牌兼具产品和服务，茶是主题，有着浓郁的区域自然特点和区域人文特征。

庄园品牌可以在多个维度上进行差异化定位，如基于茶园规模、茶园基础建设水平、产出的茶产品的品质、提供的服务内容等要素，进行产品差异化定位、服务差异化定位、价格差异化定位。

庄园品牌的价值诉求在茶庄园，茶园、产品和服务等都是庄园品牌的载体。庄园品牌的建设和传播需要一体化的解决方案。

中国的城镇化率已经发展到了较高的水平，以中国茶为主题的庄园品牌具有很大的发展空间。

4. 渠道品牌的品牌定位

渠道品牌在本质上属于零售服务品牌。

开放型渠道品牌选用的品类、品牌、产品，一定是不断扩容又不断淘汰，以市场为导向，以效率为中心。

渠道品牌可以在两个维度上进行差异化定位。

一是通过产品价格进行差异化定位，如高端茶渠道品牌或中端茶渠道品牌。大众茶、生活茶在未来会进入超市和便利店，因此不会单独出现大众茶或生活茶渠道品牌。

二是通过服务内容和服务方式实现差异化定位，在这个维度上，茶企业有很大的创新空间。

渠道品牌可以是线下渠道品牌，可以是线上渠道品牌，也可以是线下线上一体化渠道品牌。

四、中国茶品牌的建设

中国茶品牌的建设是一个很复杂、很专业的话题，这里只讨论几个基本要素。

中国茶的品类很多，也就是说茶类的水平度很宽。

此外，几乎所有品类的中国茶的价格垂直度都很高。

茶产区的地域自然特点和区域人文特色都很丰富，不同产区之间、不同茶类之间的差异性较大。同时，中国人喝茶的区域偏好依然存在，而且很多样。

在这样的背景之下，中国茶的品牌建设和其他消费品的品牌建设就有很大的不同，也可以说中国茶进行品牌建设的难度远高于其他消费品。

这是不是中国茶品牌发展缓慢的原因之一呢？事实上，很多茶企业在近些年也请来了知名的专业品牌机构，这些品牌机构在茶以外的行业积累了很多经验，但他们在茶行业却难以作出成功的案例。我认为，这是由于他们对中国茶的理解还不够，或者说他们对中国茶品牌下的功夫还不深。但这些专业品牌机构也向我抱怨：茶行业的支付能力、资源配置能力和执行能力等，与其他行业相比，还存在不小的差距。

第一，茶企业要对品牌的核心定位和基本策略进行广泛调研和深度思考。方向对了就不怕路远，方向错了全是白费。品牌走向市场以后的各种成本都很高，包括时间成本、机会成本等。

第二，中国茶品牌要找到自己的文化母体，不是一句空洞的文化标语，也不是生硬的文化标签，更不是文化母体中落后的部分，而是要挖掘出文化母体中优秀的价值点，然后对这些价值点进行现代化表达，并将其鲜活地表现在包括产品包装在内的品牌建设的各个方面。

第三，任何品牌尤其是中国茶品牌，必须有旗帜鲜明的价值主张，也就是要有明确的价值观。认同这个品牌价值观的人，便有可能成为品牌的消费者、传播者。不认同这个品牌价值观的人可以远离，一个品牌不可能让所有人都喜欢。

第四，品牌名称要好认、好读、好记忆、好联想。不要在品牌名称中特意选用生僻字、很难认识的书法字或艺术字，不要选用那些读起来很绕口、难记忆、不好联想的品牌名称。中国茶品牌"装文化"的现象不是个案，实在叫人哭笑不得。

第五，品牌表达体现的是一种同理心，表现的是一种审美能力，因此茶品牌不能自说自话，不要以老为美、以土为美。

第六，品牌建设是一个系统化的工作，因此各个方面、各个层面都要统一起来，不能出现矛盾和冲突。

第七，品牌建设是一项长期工程，茶企业要制定"品牌宪法"，长期坚持，不能说变就变。坚持了一个阶段以后，如果品牌需要升级，茶企业也要慎重为之。

第八，品牌建设是一个专业性很强的工作，需要有专业机构的参与，但不能由专业机构主导。茶企业一方面要承认自己能力的有限性，另一方面要对品牌建设要进行学习和思考，并且要设置专业部门，组建专业团队。

第九，在做品牌建设时一定要牢记：产品是品牌的载体，离开了产品，品牌是空的。做品牌，永远都要对消费者、对产品心存敬畏。

品牌，体现的是企业家的价值观和思维方式。

品牌价值观就是指品牌的主张，即做什么和不做什么，追求什么和放弃什么，倡导什么和反对什么。

品牌，向上是价值观，向下是细节。

品牌细节包括产品细节和服务细节。其实，价值观都体现在细节之中，或者说，细节承载的就是价值观。

五、中国茶品牌的表达

中国茶品牌的表达大致分为五个部分：价值体系、视觉体系、文字体系、产品体系、传播体系。这五大体系必须是一个整体，不能相互矛盾、相互冲突。

1. 价值体系

在品牌价值观的框架内，茶企业要从消费者的视角出发，找到茶品牌的核心价值点，再基于这个核心价值点构建从消费端到产品端、生产端的价值体系。

2. 视觉体系

品牌的视觉体系要符合现代审美，不要以"老"为美，以"土"为美，同时要保证完整性、统一性、系统性、稳定性。

3. 文字体系

中国茶品牌的文字和语言可以有"文艺范儿"，但不要"装文化"，不要附庸风雅。

4. 产品体系

产品是品牌的载体，产品包装的视觉效果、对产品进行介绍的文字、产品单页和画册的呈现、产品销售终端的形象等，都是品牌表达的重要组成部分。

5. 传播体系

品牌传播中的文案、图片、视频等都是基于视觉体系和文字体系的再创意和再创作，而在再创意和再创作的过程中，品牌的核心元素、核心理念不能变。传播体系中各个环节的风格必须要保持一致。

所谓品牌表达，就是品牌方对消费者说话、和消费者互动，表达的对象是消费者，因此重要的不是品牌方说了什么，而是消费者看到了什么、听到了什么，品牌方不要自说自话。

中国茶品牌的表达有两个较为普遍的问题，或者说存在两个极端：一是受到茶文化的禁锢，非要贴个茶文化的标签；二是跳不出农产品的圈子，只围绕种茶、采茶、炒茶说事儿。前者是以"老"为荣，后者是以"土"为美，还有不少从业者把"茶文化"标签硬生生地贴到"农产品"上面，让人啼笑皆非。

品牌表达与传播，要构建层次感。最外层的，就是用一句话表达核心价值点，吸引消费者的注意力和兴趣；第二层可以有2~3个价值支撑点；第三层可以有3~5个价值要素点。

六、中国茶品牌的 B端建设和C端建设

中国茶行业有很多貌似自娱自乐的品牌活动，这些活动在本质上是茶企业努力在行业内（B端）建设品牌，也就是让行业内的企业认识、认可、信任品牌，然后使品牌由行业内（B端）传递到消费者（C端），以期建设起C端品牌。

这个品牌建设的路径虽然有些漫长，但成本较低、效率较高。

从B端到C端的品牌建设路径，比较符合现阶段的中国茶的消费特点和茶企业现状：单一品类茶的消费者较为分散，垂直品牌茶企业的规模还不够大。

单一品类茶的消费者较为分散，因此直接建设C端品牌的效率就会比较低。

垂直品牌茶企业的规模不够大，建设品牌的投入就很有限，而直接建设C端品牌需要很大的投入。

令人欣喜的是，已经有不少品牌茶企业越来越注重C端品牌建设了，表现之一是这些茶品牌开始在公共媒体上投放广告了。

茶品牌可以从B端建设开始，逐步走向到C端建设，也可以直接在C端进行建设。事实上，B端和C端是相互促进的，品牌茶企业应该根据所经营的品类茶的属性和企业自身实力，来制定自己的品牌建设路径。

针对不同区域市场，茶企业应该采取不同的品牌建设策略，比如在根据地市场、中心市场、样板市场等区域，应该采取C端建设策略，而在其他区域，可以采取B端建设策略。

图5-2为茶品牌建设的两条路径，单线箭头表示茶品牌的B端建设路径，双线箭头表示茶品牌的C端建设路径。

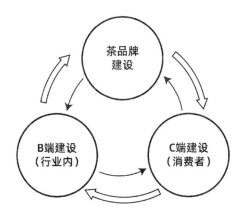

图5-2 茶品牌建设的两条路径

七、中国茶的大品牌机会与路径

中国茶为什么没有出现大品牌？这是个热议不衰的话题，也经常有媒体这样问我。

我认为，碎片化是核心原因。

首先，茶叶生产碎片化，包括生产组织碎片化、茶园地理结构碎片化、茶园地理属性碎片化、茶树品种碎片化，以及加工工艺碎片化、加工工厂碎片化。

其次，茶叶品类碎片化。中国茶的品类有上千种，仅名优茶就有上百种，而且都想作出自己独立的品类，茶品类有越分越细的冲动和越分越小的陶醉。

最后，茶叶消费碎片化。由于历史原因，中国人在喝茶时本就有区域偏好，现在又有人提倡"喝茶应该因人而异、因时而异"。

此外，中国在改革开放后优先发展生活必需的消费品，接下来才有了茶的快速发展，所以茶行业落后其他生活必需的消费品行业大约二十年。由于茶业属于传统行业，因此，茶产品的农产品属性很强，茶消费的传统习俗很强，生产的工业化较为滞后。

生产碎片化是低效率的，品类碎片化是死胡同，消费碎片化会让茶走向小众。

中国茶出现大品牌还需要时间，茶企业可以对碎片化进行整合，具体方法是取"最大公约数"：大众化快速茶消费、公共渠道大流通、大品类或中品类、大工艺或中工艺、大拼配、大产区甚至去产区。（参阅第二章"中国茶的金字塔理论"）

事实上，各个环节对碎片化的整合已经在悄然进行中，消费者的迭代加速了大众化快速茶消费的规模化和品牌化进程。

中国茶的大品牌时代已经在路上了。

那么，在四大品牌类型中，哪些类型的品牌会出现大品牌呢？

第一，渠道品牌。开放型或半开放型的渠道品牌有机会成长起来。同时，渠道品牌必须采用直营连锁至少是控股加盟连锁的渠道拓展模式，而不能采用自由加盟连锁的模式。

第二，横向品牌。横向品牌必须涵盖大品类茶和中品类茶，也可以涵盖小品类茶，其产品形态包括原叶茶和原叶袋泡茶。（参阅第二章"中国茶的金字塔理论"）

第三，整合型垂直品牌。茶企业可以不断整合成熟的垂直品牌，形成垂直品牌集群，可以在多个环节、多个方面实现共享，但要保证各个垂直品牌独立运营。

◎ 本章杂谈

1.我们为什么消费品牌

有数据显示，近八成的消费者，在消费时重视品牌，相信知名品牌。近七成的消费者，在拿不定主意的时候，会优先选择品牌知名度高的品牌。

消费者消费品牌的时候，大致有以下四个方面的考量。

首先，靠谱。知名品牌的产品和服务不会太差。

其次，无忧。万一出现产品质量问题或服务问题，品牌方大概率会进行妥善处理。如果品牌方处理得不好，消费者可以去监管部门申诉。

再次，公平。知名品牌的产品或服务的标准统一、价格统一，对所有消费者一视同仁。

最后，身份。知名品牌都有公众认知度，高端品牌还附加有身份象征。

对照上述四个方面的内容，也就理解了为什么有不少人抵制茶的品牌化。

首先，生产端的茶农卖茶或茶园直播卖茶、车间直播卖茶的方式，都难以实现茶品牌，其中的不少做法与品牌化背道而驰，甚至是反品牌的。

其次，商业端的不少茶商善于自我定价，还很擅长讨价还价，茶叶定价因客而异。这样的模式虽然销售动作多、交付时间长、交易效率低，但利润高。

再次，有不少消费者认为品牌茶不实惠，他们更愿意去找茶农或茶商讨价还价。

最后，还有极少数喝茶爱好者追求有着极致个性的、稀缺的茶，他们可能对品牌茶不屑一顾，甚至鄙视品牌茶。

2. 个性化不是随意化

中国茶的"小茶叶"之路追求的是小众化、个性化。

中国茶的"大茶业"之路追求的是规模化、标准化。

"小茶叶"路上的从业者朋友大都会跟我介绍他的茶多么有个性，而当他们将茶品牌做到了一定规模以后，又都跟我讨论茶叶的标准化有多么重要。

在农业时代，受到加工条件和加工技术的限制，很多产品的个性化来自制作者的个人喜好和他的心灵手巧，好产品甚至来自制作者的好心情，因此买到好产品需要好运气。

在工业时代，有了技术和装备的支持，几乎所有产品都可以实现标准化生产，而且标准化程度越来越高。

中国茶首先且必须要解决生产和产品的标准化问题，然后在标准化的基础上再追求个性化。只有这样，生产才是可控制的，产品才是可定制的。否则，个性化就会有很大的随意性。

3. 老茶的困局

越陈越香是老茶的产品逻辑及消费逻辑，越陈越值钱是老茶的营销逻辑和投资逻辑，由此，老茶颇受欢迎。

在后发酵茶的陈化过程中，最为重要的是茶叶氧化过程，这个过程必须有氧气的参与，所以市场上常见的后发酵茶的老茶都不是密封包装的，而是用一张透气的纸包起来。

那么问题就出现了。后发酵茶不是密封包装，其从生产厂家生产出来，在经销商仓库里陈化、在收藏者仓库里陈化、在茶叶爱好者家里陈化、在消费者家里陈化……在各种陈化过程中，谁能保证茶叶不会受到污染或发生霉变呢？作为一种食品，这样的老茶是不是安全的呢？

再就是陈化的年份。市场上的大多数老茶并无可信的认证与标注，很多黑心茶商做旧、作假的手段已经达到了较高水平。

可能的解决之道：茶叶产品由有资质的生产厂家在自己有资质的仓库里陈化，茶叶出厂时，茶厂对茶叶进行严格检测，然后密封包装，并标注陈化年份和出厂日期。其实，这就是老酒和老陈醋的做法。

最后，我们必须承认后发酵茶和白茶越陈越香的产品特点，必须面对它们越陈越值钱的金融属性，但是，过度放大后发酵茶的金融属性，就会成为伤害长期发展的短期行为。

读书笔记

READING NOTES

06

第六章

中国茶营销

从"提篮小卖"到现代营销。

一、中国茶营销的四大要素

1967年，菲利普·科特勒在尼尔·博登十年前提出的市场营销组合的基础上，归纳并提炼出了以"4P"即产品（Product）、价格（Price）、渠道（Place）、促销（Promotion）为核心的营销组合方法。这就是著名的4P营销理论，它是思考、讨论、实践营销的一个框架，影响深远。在此基础上提出的各种营销理论及营销组合都有一定的道理，但底层依然是4P营销理论。

1990年，罗伯特·劳特朋在4P理论的基础上，提出了以"4C"即顾客（Customer）、成本（Cost）、便利（Convenience）、沟通（Communication）为核心的营销组合方法。

4P理论和4C理论的关系如图6-1所示。

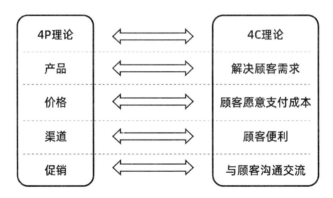

图6-1 4P理论和4C理论的关系

我们以4P营销组合为框架，思考和讨论中国茶的营销。

1.产品与顾客

产品，要满足顾客的需求。

产品是指能够提供给市场、被用户消费和使用的东西，能满足用户的某种需求。如果产品不能很好地满足用户的某种需求，那么围绕产品的一切市场活动包括广告，都毫无意义。

但是，顾客的需求是在变化的，并且市场上也会不断涌现出新产品。因此，企业如果不能根据消费者需求的变化而持续改进产品，那么消费者就会选择新的产品，或者说老产品就会被新产品替换掉。

中国茶，满足的是消费者的愉悦需求、健康需求和精神文化需求，不同大茶类中的不同小茶类的不同茶产品，满足的是消费者的一种或几种需求。我们必须要在洞察、理解、细分消费者的茶需求的基础上，研发、生产茶产品，对此，中国茶企业要有危机感和紧迫感。在消费者面前自以为是，被淘汰是必然的。

中国茶的消费者及其消费需求也是在变化的，只是在过去，这些变化较为缓慢，我认为，在未来，这些变化会加快。

产品在市场上表现为商品。商品是一个综合概念，而中国茶产品的商品化程度还有待提高。

2. 价格与成本

产品价格，就是消费者支付的货币成本。

本质上，价格是由供求关系决定的。但市场上产品的价格受太多因素的影响，产品成本只是一个因素。不同的货品摆放、购物环境、服务成本，都可能对价格产生影响。同样一款啤酒，放在不同场景下，其价格可能相差很多。

中国茶大都采用成本定价法，也就是计算各项成本，以及各个环节的合理利润，然后推导出茶产品的终端零售价。

以生产者和经营者的视角，成本定价法有其合理性。如果从消费者的视角来看，成本定价法又有其不合理性。消费者永远考量的是价值与价格的关系，追求的是性价比，也会考虑市场上各种竞品的因素，但几乎不会考量生产者和经营者的成本与利润。所以，生产者和经营者要或者通过创新来提升茶产品的价值，或者通过创新来降低茶产品的成本，或者在两端同时努力。

如果价值做不上去，成本又降不下来，那只有卖惨、卖情怀了，但卖惨、卖情怀有用吗？

中国名优茶的地域性特点，决定了其中不少茶具有稀缺性，如果供不应求，茶产品的定价逻辑就是消费者竞价的逻辑。

有时候价值决定价格，但有时候价格决定价值。

3. 渠道与便利

渠道，是解决消费者购买产品的便利性问题。

企业怎么把自己的产品交付给消费者呢？或者说消费者在哪里购买企业的产品呢？这就需要建设渠道网络，即用户群在哪里，渠道就到哪里。常规的渠道包括直营专卖店、加盟专卖店、代理商、经销商、零售商等，电商也是一种渠道。不同的产品对渠道有不同的要求，这就是所谓的产品与渠道的匹配问题。

中国茶的渠道模型并没有特殊性，但现实是中国茶的渠道还是专业茶渠道，中国茶没能大规模进入公共渠道。中国茶的高端产品走专卖店（直营或加盟）是对的，但中、低端产品就必须进入符合产品定位的公共渠道，这就要求改变茶产品的礼盒形态及其外包装形式与内包装方式，以匹配公共渠道，从而为消费者提供便利。

对便利的理解，还可以包括产品使用过程中的良好体验，严格来说，这属于产品的范畴了。

4. 促销与沟通

促销应当包括品牌宣传（广告）、公关、促销活动等一系列的营销行为。品牌传播的整个过程，就是向消费者表达、与消费者沟通，进而促使消费者购买产品，提高产品的销售量。

中国茶有着很明确的产品金字塔、品牌金字塔和消费金字塔。所以，对于中国茶的促销，要特别注意三个问题：对谁说？

说什么？怎么说？

对谁说，主要是要弄清楚产品的目标用户。

说什么，是围绕茶产品的特点、茶产品的价值、茶品牌的价值观展开话题。

怎么说，是"画风"和"话风"必须符合品牌的定位、风格和调性，甚至需要在此基础上进行再创意、再创作，还包括选择在什么媒体上说。

二、目标用户与喝茶场景

传统营销的起点是锁定目标用户。

然后就有了迎合用户需求，因为不同的目标用户有不同的需求，差异还比较大。

然后就有了产品研发，因为产品必须满足用户的一个或几个需求。

然后就有了产品价格，因为用户支付成本是为了满足需求，产品价格就是用户的直接成本。

然后就有了渠道建设，因为用户需要方便地买到产品。

然后就有了广告促销，因为用户只有了解了产品和对品牌产生了信任以后才可能购买产品，才可能将其推荐给家人和朋友。

现代营销还得往前走一步，就是要洞察目标用户的日常活动场景（生活场景、工作场景和社交场景等）。不同目标用户的日常活动场景有着很大的不同。

有些产品对使用场景没有特别限制，而中国茶则不然。在不同场景下，喝茶这一行为会受到不同限制。

总体上，中国人喝茶的场景大概是：独立办公室（自饮、接待客人)、接待室、会议室、公共办公室、茶水间、休息区、餐桌上、居家(自饮、接待客人)、移动状态(汽车上、火车上、飞机上、车间、工地、田间地头、旅游、散步、逛街……)等。即使在同一个场景中,不同的人喝茶的方式也不同。比如在汽车上,司机师傅们大都会用超大茶杯,而乘客大都用小茶杯。

三、茶产品策略和喝茶解决方案

中国人喝茶有三大价值,不同的目标用户对喝茶的三大价值有不同的侧重,而年龄则是一个重要的维度。年轻人更在意茶的好喝(好玩、好看、好闻),中年人更在意茶的品质和喝茶的品位,老年人更在意茶的健康性和价格实惠。还有性别维度、收入维度、职业维度等。对三大核心价值还可以再进行细分,如不同的目标用户对茶的色、香、味、形等有不同的侧重,不同的目标用户对茶的健康功能有不同的侧重,不同的目标用户对茶的情感寄托与情感共鸣也不同。

中国人买茶有两个用途:一是作为礼品,这个比例还不小;二是自饮,包括办公用茶和接待用茶等。一般来说,礼品茶讲究外包装和价值感,而自饮茶需要简包装和品质感。

中国茶大致分为文化茶、社交茶、生活茶,虽然他们都可以作为礼品茶和自饮茶,但三者的外包装风格、内包装方式、装量设定等都有很大的不同。

产品本身就是一个媒介,茶产品的包装风格和包装文字,都要符合品牌的基本定位、基本调性、基本"画风"和"话风"。

这里再次强调,对消费者来说,茶产品是半成品,因此针对不同用户的不同的日常活动场景,茶企业要提供不同的喝茶解决方案。甚至,一个茶品牌可以定位于某一类目标用户群的某一类喝茶场景,从而制定产品策略。

品牌的产品策略也是一个系统策略。对市场有了细分、对消费者有了细分、对消费场景有了细分，就有了对目标用户的具体需求的细分，企业就可以在多个维度交叉考量，进而制定自己的产品策略，从而使市场营销更有针对性、更准确、更有效率。

四、茶产品价格策略

茶产品价格策略至少包含以下四个方面的内容。

首先是定价策略，分为三种：一是成本策略，即以直接成本、厂家利润、经销商（渠道）利润为基础，确定产品价格；二是竞争策略，即对标市场上的竞品，确定产品价格；三是价值策略，即根据产品价值，确定产品价格。

中国茶产品大都采用成本策略，采用的是生产端定价逻辑。

竞争策略采用的是市场端定价逻辑，价值策略采用的是消费者定价逻辑。这两种策略对生产者的要求很高：一是要求生产者深度了解市场、深度理解消费者、深度了解自己的产品，二是要求生产者降低企业生产成本和提高运营效率。

其次是价格带与价格点。中国茶的垂直度很高，又大致分为文化茶、社交茶、生活茶，还分为礼品茶、自饮茶。茶企业必须先明确自己的身份、找到自己的位置，然后在价格带中找到一个对产品而言合适的价格点。有些价格点是"价格陷阱"，要避开。

价格点之间要拉开一定的距离。此外，对礼品茶的定价要考虑到购买者的预算习惯。

再次是渠道利益机制。在经营过程中，茶品牌企业除了利润积累，还有品牌积累，而茶渠道商更关注产品的渠道价格和渠道利润。本质上，品牌企业和渠道商既是合作关系，又是博弈关系。渠道利益机制的原则如下：对于有销售规模的产品或单价高的产品，给渠道的利润可以低一点；对于销售规模不大的产品和单价低的产品，给渠道的利润一定要高一点。

最后是零售价格管理。若要做品牌，则一定要对产品的零售价格进行严格管控。若产品的零售价格混乱，那么品牌就做不起来。

生产端要保住成本、要求合理利润，渠道端要计算自己的利润，市场端要有竞争力，消费者要产品的性价比。

五、市场区域策略与渠道策略

1. 市场区域是一个空间概念

一方面，中国名优茶都有产量限制，或者说垂直品牌都有规模天花板；另一方面，中国人喝茶都有区域偏好。所以，任何一个茶产品品牌都要制定自己的市场区域策略。

市场区域策略，在营销上有各种说法，比如根据地市场、利基市场、样板市场等，中心市场、主力市场等，还有战略市场、形象市场等，外围市场、辅助市场等。

任何一个品牌，在初创期都不可能在市场上全面开花。茶企业要运用市场区域策略，根据品牌的茶产品特色、企业的综合实力和操作能力，调研区域市场的饮茶偏好、竞争格局，确定先期区域市场、中期区域市场、远期区域市场，集中企业资源、聚焦目标区域市场，在区域市场上尽快形成竞争优势。在时间进度和营销节奏上，茶企业要优化已有区域市场、深耕当下区域市场、布局未来区域市场。

即使是已经全国化的茶类，茶品牌在营销上也要有轻重缓急，不能对全国市场进行"无差别进攻"。

2. 渠道的本质是让消费者购买产品更加便利，同时也是品牌价值的传递

渠道至少有两个维度。

一是建设自营渠道或开发合作渠道，合作渠道包括特许加

盟、代理分销。

奢侈品级别的文化茶必须建设直营渠道。垂直品牌要在根据地市场和中心市场建设直营渠道，横向品牌要在样板市场建设直营渠道，渠道品牌只能建设直营渠道或合作直营渠道。"大城市开多个小店，小城市开少数大店"，就是针对不同区域市场的一种渠道策略。

二是所谓的全渠道覆盖不能一概而论。第一，全渠道覆盖需要很强的渠道运营能力和渠道管理能力。第二，全渠道覆盖要计算投入和产出，也就是要考量渠道效率。不要勉强进入那些投入高而产出低的低效率渠道。第三，对于不同的品牌战略、不同的目标用户群、不同的市场区域策略，渠道要有主次之分。应优先运营管理好主渠道。第四，不同渠道也有所不同，应覆盖不同的用户群体，并且要构建不同的交易逻辑。第五，严防渠道冲突，即所谓的"串货""乱价"。

六、茶产品电商策略

电商的本质是渠道，互联网最大的功能是链接与融合。随着网络速度的不断提高和网络技术的不断发展，很多功能边界被打开，新的互联网业态已经建立起来了，即渠道媒体化、媒体渠道化、渠道与媒体一体化，三者各有侧重。

茶产品有着特别适合电商的一面：品类很多，价格垂直度很高，产品各具特色，品牌很分散，消费者也很分散，茶知识又很复杂，冲泡方式也很多样。这样的产品品类在线下实体店的销售效率一定很低，实体店的货架很有限、覆盖范围也很有限。所以，茶产品特别适合线上电商销售，线上电商的货架不受限，在空间覆盖上无边界，尤其是在渠道和媒体一体化以后。

茶产品也有特别不适合电商的一面：茶产品的标准化、稳定性都不高，品类太多、价格垂直度高，品牌弱小、分散，信任度低，使得消费者的选择难度很大，所以线下实体店的体验式销售似乎更为有效。

茶产品电商必须针对上述问题扬长避短。

面向未来，茶企业面临的不是做不做电商的问题，而是怎么做电商的问题。

总体而言，大品牌以平台电商为主、私域电商为辅，小品牌以私域电商为主、平台电商为辅。当然，所有品牌都可以有自己的局部策略和阶段性策略。

在操作层面，茶产品电商至少需要解决好以下几个方面的问题。

第一，对消费者而言，品牌是认知和信任。无论是线下实体店销售还是线上电商销售，建设品牌是王道，建立信任是核心。

第二，优化对茶产品的描述。一是综合运用文字、图片、语音、视频等手段；二是站在消费者的视角，对产品进行真实和生动的描述。

第三，打消消费者的顾虑，包括客服答疑、加送品鉴装、无忧退换货、细化售后服务等。茶产品电商特别需要与消费者共情。

第四，多途径、多方式导流、引流，如进行线下推广与品鉴活动、线上推广与交流活动、专门设计引流产品等。

第五，开发线上专供产品线，但品牌的主力产品必须实现线上与线下同款同价。

第六，组建专业团队。专业团队既要掌握电商的各种运营规则，也要具备茶的基本知识，更要对企业、品牌、产品等内容了如指掌。没有专业团队，不要跟风进入，烧钱也不会有结果。

第七，数量众多的个性化小品牌，可以尝试私域电商领域，在完成了低成本试错和基本积累以后，再进行必要的推广运营。

第八，电商的后台系统不可忽视，这是用户体验的重要组成部分。茶企业要提前对仓储、打包、物流、数字化等进行规划。

七、中国茶营销的渠道困扰

中国茶的品类太丰富，而消费群体对品类的偏好太分散，这给茶营销的渠道建设造成了很大的困扰，即渠道的成本很高，而碎片化的品类偏好导致渠道的效率很低。

一方面，电商是线上解决方案，渠道品牌的建设和发展是线下解决方案。但渠道品牌还很弱小，尤其是开放型的渠道品牌还未成形，所以现有的渠道品牌承担不了线下主体渠道的任务。

另一方面，中国茶的产品品牌还不够强大，体验又是茶叶交付的重要环节。所以，在现在和未来比较长的时期，线下渠道将依然是茶营销的主体渠道。

中国茶品牌，绝大多数属于垂直品牌，因此在没有开放型渠道的情况下，只有自建渠道。

对于定位在中高端的垂直品牌，品牌专卖店（直营或加盟）是一个有效的线下渠道。但垂直品牌聚焦于单一品类的茶，难以支撑品牌专卖店运营，尤其是走出产区的品牌专卖店。

垂直品牌怎样丰富品牌专卖店的产品品类呢？大致有以下两个路径。

一是垂直品牌进行自主品牌的品类延伸，但不可以在垂直品牌下进行品类延伸，必须采用新的品牌，并且用的茶是相同原产地、周边原产地或去原产地的茶。

二是垂直品牌寻找其他垂直品牌定制专供产品，丰富品牌专卖店的产品品类。对于从其他垂直品牌定制的专供产品，不可谋求过高的利润。定制的专供产品属于品牌专卖店的辅助产品，其利润不是核心利润而只是辅助利润。

八、茶品牌传播策略

第一，品牌形象广告是内容较为固定的长期传播手段，目的是树立品牌形象和提升品牌知名度。哪怕是在品牌建设初期，茶企业也要有品牌形象广告的中期甚至长期的规划、策略和预算。

第二，产品销售广告要具有针对性和时效性，目的是促进销售。要制定年度计划，比如在重要时间节点（节日、假日等）和重要事件前后（新茶上市、新品上市、重大营销活动等），针对不同的目标人群，需要有不同的广告内容、广告媒体、广告时间、广告密度等传播策略，并及时进行效果评估，不断修改和优化销售广告的策略。

第三，茶品牌传播要保持合理的节奏，既要计算传播成本，也要保持传播活力。传播效果有着滞后性，但也有累积效益。

第四，茶品牌传播策略要与市场区域策略保持一致。区域市场在哪里，传播就到哪里，下一个区域市场在哪里，在那里的传播就要有适度的提前量。

第五，茶品牌传播可以分为针对B端的传播和针对C端的传播。针对B端的传播是为了招募加盟商、经销商等，针对C端的传播是为了建立消费者认知和赢得消费者的信任。一个强大的C端品牌就不用为招募加盟商和经销商而发愁了。

第六，在媒体碎片化甚至粉尘化的时代，对媒体进行选择与组合是一件很困难的事，核心原则是针对目标用户群以及他们的日常活动场景、信息接收方式。不同的媒体选择、不同的媒体组合，其传播内容及表达方式也不同。

九、茶产品促销策略、茶产品
团购与定制策略

第一，茶企业在做品牌时，不可轻易以打折的方式搞促销，可以通过服务增值的方式或买赠的方式促进促销、回报消费者。赠品可以是公司的其他茶类、茶周边产品，也可以是同品类茶的高级别产品，甚至是相同目标用户群的其他产品，但最好不是同款的茶产品。促销活动可以全市场和全渠道进行，也可以分区域市场进行，但在同一区域市场必须全渠道进行，不可以分渠道进行，不然会形成渠道冲突。茶企业对于新品牌推广和库存处理，要谨慎而为，简单粗暴的处理方式会伤害品牌。

第二，茶产品团购是一个占比不小的业务板块，茶企业对此应该进行专门的业务开发甚至组建专门的业务团队。团购业务管理是营销管理中很重要的一个内容，包括大客户开发与维护、绩效计算与考核。品牌茶企业要特别注意防范业务冲突、渠道冲突、价格混乱。

第三，产品个性定制是近些年兴起的业务模式，茶行业也不例外。茶产品定制大概有三种类型：一是内部定制，指的是品牌营销中的节日定制或事件定制，即只在某一年的某一个节日或某一个事件期间进行销售；二是合作定制，指的是市场营销中的特定区域市场定制或特定渠道定制等，即将商品专供到某个区域市场或某个渠道进行销售；三是外部定制，包括品牌联名定制、大客户团购定制等。

茶产品定制有个定制深度的问题，对这一问题可以参考第四章第八节的内容。最表层定制就是换一个定制的手提袋，或加一个定制的封套，或激光雕刻一个定制的图标，或丝网印刷定制图标与文字等。茶产品定制业务对企业供应链的协同能力与响应速度的要求很高。定制深度越深，对企业操作能力的要求越高，内部定制还对企业的预估能力和销售能力有较高的要求。

十、茶营销的B端驱动和C端驱动

招募市场B端（加盟商、代理商、经销商、分销商等），然后支持和辅导B端进行C端营销，鼓励和促进B端进货，这个系列动作是中国茶企业的重要营销操作之一，我称之为中国茶营销的B端驱动策略。

第五章"中国茶品牌"的第六节"中国茶品牌的B端建设和C端建设"讨论到了这个问题。茶营销的B端驱动策略比较适合现阶段的中国茶消费特点和茶企业现状：单一品类茶的消费者较为分散，垂直品牌茶企业的规模还不够大。

品牌茶企根据品类属性和企业实力，也可以采用C端驱动策略，就是通过传播、推广、体验、派送等系列市场活动，建立消费者认知、认可、信任，以达成销售，甚至形成复购、推荐、自传播等，此时招募市场B端就是水到渠成的事了。（图6-2）

图中的单线箭头表示茶营销的B端驱动，双线箭头表示茶营销的C端驱动。

针对不同的区域市场，茶企业应该采取不同的营销策略，比如在根据地市场、中心市场、样板市场等区域，应该采取C端驱动策略，而在其他区域市场，可以采取B端驱动策略。

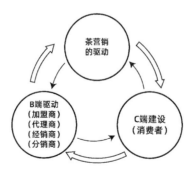

图6-2 茶营销的两种驱动方式

◎ 本章杂谈

1."真实"是一种力量

我们必须认识到：营销是一项专业性、系统性的工作。

但一部分营销主义者喜欢夸大营销的作用，甚至认为营销制胜。

为了实现营销制胜的目标，一些营销人员会挖空心思地造概念、抖机灵、玩套路，甚至编造很多虚假信息。茶营销中，这样的案例并不少见，让消费者形成了负面的行业印象，甚至引起了消费者的反感。

在信任不足的时期，在茶叶由农产品向品牌商品晋级的阶段，"真实"反倒是一种更大的力量。

向消费者提供真实的信息、说明真实的情况，甚至从消费者的视角，说明茶产品真实的不足和缺点，不夸大其词，不添油加醋，用真实支撑真诚。

中国茶不属于快速消费品，所以茶企业做营销时不必急于求成，更不能做"一锤子买卖"，而应该在交流、体验中得到消费者的认可和信赖，包括得到消费者的理解和包容。

消费者不怕茶产品有缺点，但怕茶企业掩盖和粉饰缺点，更怕被欺骗。

2.发烧友与商业无关

发烧友，泛指对某些事物特别爱好，甚至特别痴迷的人群，比如照相机发烧友、音响发烧友、钓鱼发烧友等。发烧友们志同道合、相互分享、乐此不疲，极致的发烧友自得其乐，不屑于与非发烧友分享。

发烧友不仅仅是在产品功能上获得乐趣，还重视产品的生产过程，甚至会参与到产品生产的部分环节中，并体验产品的极致个性化。

从古至今，中国茶都有着规模不小的发烧友。

中国茶的发烧友会跋山涉水去找茶山、找茶树、找制茶师傅，甚至参与到采茶、炒茶的过程中，然后买回来一些茶，或"独乐乐"，或约几位茶发烧友"众乐乐"。

我们必须明白：发烧友与商业无关。

为了卖茶而去茶山找茶的人，不在发烧友之列。

3.茶博会还能走多远

茶博会曾经在中国茶的展示、推广、体验、销售、招商等方面发挥了很大的作用。但随着商业的升级和茶产业的进步，茶博会从形式到内容都没有明显的变化，使得现在的茶博会变成了"食之无味，弃之可惜"的鸡肋。

十年前，我曾经提出建议，即中国只需要五个主题的茶博会："茶品牌"茶博会、"茶营销"茶博会、"茶投资"茶博会、"茶深加工技术和产品"茶博会、"茶配套"茶博会，其他都只能是茶展销会了。

茶博会有了明确的主题，再配有主题论坛等各种主题活动，那么参展商、看展观众和相关参与者等都可根据各自的诉求，进行很明确的选择。

不同主题的茶博会，就应该有不同的布展形式、不同的传播方式、不同的推广对象。当然，不同主题的茶博会可以有固定的举办时间，也可以在不同的城市举办。

现在这样没有明确主题的"大杂烩"茶博会，肯定是走不下去的。

4.茶城的价值何在

这里说的茶城，包括产区和销售区的各种茶叶专业市场。

大约自2000年开始，中国出现了茶城业态，其经营者大都是来自产茶区的有商业意识的茶农，茶农所经营的基本上是无品牌的散茶，前期的茶城以批发为主、零售为辅，后期的茶城则以零售为主、批发为辅，茶城曾经是中国茶的主要流通渠道。

随着商业的进步、消费的升级和茶业的品牌化发展，昔日车水马龙的茶城已呈没落之势。

产区的茶城，其演变和发展的方向应该是B2B（Business-to-Business)原料交易平台，必须有配套的独立审评机构、专业仓储和完善的交易规则等。

销区的茶城，其演变与发展的方向应该是茶文化风情街，重心在茶休闲、茶体验，以及兼具茶与茶周边产品的销售等多业态。入住商家可以是大型连锁品牌，也可以是"小而美"的个性品牌。无品牌散茶不再是茶城的主角。

那些无法转型的茶城、不能升级的茶城，都将逐渐退出历史舞台。

07

第七章

中国茶企业

企业是产业主体，
企业是行业主力，
企业是市场主角。

一、中国茶企业家的修炼

企业家修炼的话题太大了，我只说说茶企业家的特殊修炼。

1. 以人文情怀创造美好生活

用一片茶叶为消费者、为员工、为茶农创造美好生活。中国茶企业家首先应以大爱之心为消费者提供良好的茶产品、可信赖的茶品牌，并提供便捷的喝茶解决方案，以此引导消费者常喝茶、多喝茶；其次应借助科技的进步和商业的发展提高企业的盈利能力，提升企业员工的福利和尊严；最后，应借助供应模式的优化和生产方式的升级，提高茶农的综合收益，降低茶农的劳动强度。

2. 以历史使命改造传统产业

首先，传统茶产业需要深度改造才能适应社会，才会拥有未来。其次，应拒绝投机之心和苟且之行，以改造传统茶产业为自己的使命，志存高远，负重前行。再次，改造传统茶产业不会一蹴而就，中国茶企业家面临的困难很多，挑战巨大。中国茶不能古为今用，也没有洋为中用，我们都在路上。中国茶企业家应逢山开路，遇水搭桥。最后，应以科学精神和商业思维深度思考，勇敢实践，不畏惧，不轻视，不退缩，不蛮干。

3. 以敬天爱人之心做安全茶

中国茶企业家应以做茶给自己喝、给自己父母喝、给自己子女喝的敬畏之心和爱人之心，种安全茶、制安全茶、卖安全茶。

4. 以长期主义信仰做品牌茶

机会主义指导下的行为是短期行为，实用主义指导下的行为是中期行为，而品牌主义指导下的行为才是长期行为。中国茶企业家应为用户创造价值，在用户心中积累品牌效应，在市场上创造地位、谋求发展。

二、中国茶企业的产业链定位

中国茶的产业链很长，但大致可分为以下五大环节。（图7-1）

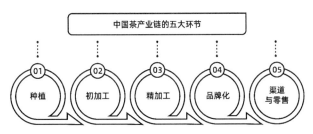

图7-1 中国茶产业链的五大环节

中国数万家茶企业基本都有全产业链，即有茶园基地，有初加工厂，有精加工厂，有产品品牌，有品牌专卖店。这显然不是一个好模式，也是中国茶企业做不大、做不强的根本原因之一。

中国茶企业都要重新思考自己的产业链模式和产业链定位。

所谓产业链定位，也就是：虽然一家茶企业可能要涉足全产业链，但企业的核心位置在哪里？所谓核心位置，就是企业在这个位置拥有自己的核心竞争力，或者在这个核心位置上不断投入、深入经营，以形成自己的核心优势与核心竞争力，并可以努力使之不断增强。

产业链定位是产业链分工的大趋势，也将是产业链分工的结果；是市场竞争和产业竞争的需要，也将是市场竞争和产业竞争的结果。

中国茶企业越早认识到产业链定位的重要性，越早确定自己的产业链定位，在未来的发展和竞争中就越有主动权。

1. 种植型茶企业

种植型茶企业应专注于茶种植环节，包括茶树品种的改良、茶园土壤的改良、茶园病虫害的防治，以及茶园管理与鲜叶采摘的模式优化、技术升级和装备升级等。这种茶企业可以有配套的茶叶初加工厂，但企业的核心是茶种植，企业的产品是鲜叶或干毛茶。种植型茶企业可以跨茶区拥有多个茶园。

2. 初加工型茶企业

初加工型茶企业应专注于茶叶初加工，包括初加工工艺与技术的优化、初加工装备的升级等。初加工型茶企业的产品是干毛茶。初加工型茶企业可以在不同的茶叶微产区建设多个初加工厂。

3. 精加工型茶企业

精加工型茶企业应专注于茶叶精加工环节，包括精加工工艺与技术的优化、精加工设备的升级等，可以有配套的茶区初制工厂，还可以有配套的茶分装车间。精加工型茶企业的产品是成品散茶或为品牌茶企业提供代工服务，但企业的核心是精加工。

4. 品牌型茶企业

品牌型茶企业应专注于产品品牌，包括产品定位与研发、品牌定位与传播、市场拓展与渠道建设等。品牌型茶企业都会有精制环节和分装环节，甚至还有示范性的茶园基地和初制工厂，在下游还有品牌专卖店。虽然品牌型茶企业几乎涉足了全产业链的各个环节，但企业的核心是茶品牌。

5. 渠道型茶企业

渠道型茶企业应专注于茶产品销售，就是开店卖茶，甚至连锁化地开店卖茶，通过选品类、在品类中选品牌、在品牌中选产品，以及对消费者的零售服务，获得消费者的信任，建设自己的渠道品牌。

6. 专做品类供应链的茶企业

这类企业的核心环节也是茶精叶加工，配套茶分装环节，进行某一品类茶的成品散茶和代工服务，但为了保证某一品类茶的供应优势，这类茶企业都会在产业链上游的多个小产区布局多个初制工厂。同时，为了提供更有技术含量的定制化代工服务，这类茶企业还有自己的研发中心，逐步具有了以茶精制为核心，并可提供研发服务，可配套分装服务、仓储服务和代发货服务的品类茶供应能力。

"英九庄园"提出了品类供应链的"1+N"模式，我将此模式升级为超级供应链茶企业的"1+N+M"模式。"1"是指中央工厂，包含研发、精制、分装、仓储和代发货等配套服务。"N"是指多个初制工厂，对这些工厂要统一加工标准、统一加工工艺、统一加工设备、统一运营模式和管理模式。"M"是指对围绕初制工厂一定半径内的茶园，统一茶树品种、统一茶园管理标准和流程、统一采摘标准等。（图7-2）

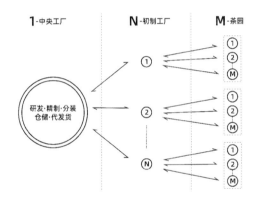

图7-2 品类供应链的"1+N+M"模式

三、中国茶企业的商业模式升级

所谓企业商业模式，就是企业盈利模式，说得再直白一点，就是企业挣钱的模式。

所有企业都要自问：企业挣的是什么钱？凭什么挣这个钱？

在中国茶企业中，数量最多的茶企业是垂直品牌型茶企业。那么，垂直品牌型茶企业挣的是什么钱呢？又凭什么挣这个钱呢？

早期的垂直品牌型茶企业，大都是收购茶农小作坊或小型初制厂的干毛茶,然后进行简单的风选、拼配、拣择、烘焙等精制加工,再将成品分装使其成为包装茶,由此完成了茶叶的品牌化。

但有不少垂直品牌型茶企业干脆省去了精制加工的部分操作或全部操作,直接将收购回来的干毛茶分装成为包装茶。我把这些垂直茶企业的盈利模式称为"茶叶组装模式"。事实上,现在还有很多垂直品牌型茶企业依然采用这种盈利模式。这种模式并没有什么技术含量,也没有创造什么价值,不过是企业设计和印制了一批包装盒,然后把茶叶分装进去,而企业却要在这个所谓的品牌化环节上挣钱,这不是正常的商业逻辑。正因如此,很多消费者认为品牌茶太贵,绕开品牌茶企直接找茶农或茶商去买茶。

不创造价值就没有价值,通俗而言,不创造价值就不应该挣钱,或者说创造多少价值才应该挣多少钱,这是商业上的一种公平。

中国垂直品牌型茶企的盈利模式必须由"茶叶组装模式"升级为"价值创造模式"。

所谓"价值创造模式",即不再进行简单的茶叶组装行为,而必须在茶叶品牌化的环节中有所作为。

1. 企业标准

企业标准包括对初制厂制定初加工标准,对种植环节制定种植标准,并监督他们执行这些标准,从而打造标准的稳定供应链。企业要在供应链运营中严格依照这些标准下单、验收。

2. 核心技术

核心技术包括茶产品研发、茶产品检测、茶产品审评、茶叶拼配、茶叶烘焙等核心技术,以全面提升茶产品的综合品质及其标准化和稳定性。

3. 核心装备

中国茶的六大茶类中的各个小品类茶的生产装备基本是通用的,而且装备的科技水平总体不高。茶企业应该根据自己的产品定位和品牌定位，研发自己的核心装备，以保证自己产品的核心特色。

4. 规范分装

茶企业在茶产品分装环节要保证基本的规范性，包括茶产品出厂的合格性检测、装量的规范性、茶叶外形的完整性、包装标识系统的规范性等。

5. 系统服务

系统服务包括售前、售中和售后的标准化服务及个性化服务。

其实，所有茶企业的经营者也要问自己这个问题：

企业在哪个环节创造了价值？创造了什么价值？

茶企业的经营者很辛苦，茶企业的员工也很辛苦，但辛苦不一定能创造价值。

不能创造价值，茶企业就没有价值，被淘汰出局是必然的。

2014年和2015年是中国茶的市场低谷期，当时我在微博提到"苦熬不如离场"，说的就是茶企业和茶商如果在现在没有创造价值的实力，在未来也不能形成创造价值的能力，那就主动离场吧，苦熬毫无意义。

四、中国茶企业的多维度聚焦

本章第二节"茶企业的产业链定位"，说的是茶企业聚焦产业链上的一个环节。对于绝大多数中国茶企业，聚焦的本质是"先做减法，再做加法"。"先做减法"就是淡化甚至减掉非核心环节和非核心业务；"再做加法"就是在核心环节和核心业务上全力以赴地加大投入、提升技术、优化经营、升级管理，使企业形成核心竞争力和核心优势。

但是，茶企业在自己定位的环节上还要进一步聚焦，依然是

"先做减法，再做加法"。

我还是以垂直品牌型茶企业为例吧，因为这种类型的茶企业数量最多。

1.茶业务聚焦

茶企业要聚焦于茶，聚焦于产品，做茶品牌，为消费者创造茶的礼品价值和品饮价值，并且不断自我升级，给消费者创造惊喜。在此基础上，茶企业可以有节奏地扩充与茶相关的业务。

2.茶品类聚焦

聚焦一个品类，在上游构建优质、高效的供应链，在下游建设自己的根据地市场、中心市场、战略市场，优化主渠道，凸显并锁定产品特色，不断提升和维护好品牌附加值，服务好自己的主客户群，这就是垂直品牌茶企业的基本盘。有了稳定的基本盘，茶企业可以适度扩充茶的品类，但只能用子品牌或另行启用品牌，不可在原品牌旗下进行品类扩充。

3.茶产品线聚焦

中国茶的任何一个品类的产品垂直度都很高，在理论上，垂直品牌可以打造全产品线，但在实际经营中，全产品线绝对不是一个好策略。茶企业应该在全产品线中聚焦一个价格带，然后基于这个价格带凸显产品特点、品牌特色，再构建供应链、拓展市场、建设渠道、服务主客户群。在这个价格带上有了基础以后，产品线可以向上攀升，也可以向下兼容，但茶企业只能采用子品牌或另行启用品牌，不可在原品牌旗下进行上下延伸。

4.目标用户聚焦

任何一个品牌都只能满足某一类或某几类用户的需求。茶企业可以用不同的产品去满足某一类或某几类用户的不同需求，但如果试图讨好所有的用户、满足所有的需求，则必将失去自己的主体用户群。

5. 市场区域聚焦

垂直品牌型茶企业都要认识到产量的有限性和市场的相对无限性，这就需要茶企业进行市场聚焦，即形成一定的市场占有率和品牌知名度，包括分阶段建设自己的根据地市场、中心市场、战略市场、外围市场。任何一个垂直品牌型茶企业都不可能在市场上全面开花。就算通过经销商覆盖了很大范围的市场，而在每个局部市场都没有较大销量的话，品牌也不能产生影响力，所谓的品牌充其量是一个B端（经销商）品牌，很难成为C端品牌。

6. 渠道聚焦

理论上，茶产品可以在很多渠道里流通和零售，但实际情况并非如此。多渠道运作，不仅需要强大的渠道运营管理能力，弄不好还很容易出现渠道冲突和价格混乱的局面。不同的产品定位和品牌定位，适合不同的渠道，垂直品牌型茶企业要找到并聚焦自己的主渠道。在根据地市场和中心市场，垂直品牌型茶企业可以多渠道进行覆盖，但也要有主次之分，而在战略市场和外围市场，则一定要聚焦一个渠道。

7. 传播聚焦

传播聚焦包括两个方面：一是对传播区域、传播受众，甚至传播媒体、传播节奏，都要进行聚焦；二是对传播内容也要聚焦，可传播的内容很多，但必须聚焦一句话或一个点，并坚持一个传播周期。（图7-3）

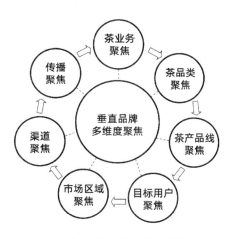

图7-3 茶企业的多维度聚焦

可能还不止上述七个维度的聚焦。聚焦策略中的"先做减法、再做加法"有两个"加法"维度：一是在聚焦点上做加法，全力以赴地加大投入、提升技术、优化经营、升级管理，形成核心竞争力和核心优势；二是构建好了基于聚焦点的基本盘以后，适度延伸辅助产品和辅助业务。

关于多维度聚焦的辩证法。

聚焦中说到"做好了减法以后，有节奏地做关联性加法"，强调的是做加法不能与聚焦点发生冲突：一是只能围绕茶业务做相关业务的加法，所有的非茶业务都是"不务正业"；二是做茶相关业务的加法，必须是在精力有空余、时间有空闲、团队跟得上、资源配置没问题的前提下进行。所有加法都是顺手而为，"捡了芝麻，丢了西瓜"当然是错误的，"捡一个西瓜，丢一个西瓜"也是不可取的。

此外，一家茶企业如果就定位在一个区域市场，那就可以将市场做成一个"茶生态"市场，所谓的"茶生态"包括茶品类、茶产品、茶渠道、茶业务等，强调的是相互促进、相互补充，而不是完全不相关的，甚至相互冲突的"多种经营"。

效率，是商业的本质之一，是商业永无止境的追求。

垂直品牌型茶企业实施多维度聚焦战略，有助于大幅提高供应链效率、生产效率、传播效率、营销效率和管理效率，可以让茶企业在市场上和消费者心中积累品牌竞争优势。

其他类型的茶企业都应该找到自己的聚焦战略，然后持之以恒地坚持。

我们常说的"一生做好一件事"，就包含了两层意思："做好一件事"说的是聚焦于一件事，即在一件事上深度耕耘、持续投入、持续优化；"一生"则意味着要耐得住寂寞、挡得住诱惑、管得住欲望，心无旁骛，持之以恒。

五、中国茶企业的创新

企业层面的创新包括企业战略创新、商业模式创新、营销模式创新、供应链模式创新、核心技术创新、企业管理创新等。

中国茶企业的创新，只能是渐进的、小步快跑的创新，不能是其他行业的所谓的"颠覆式创新"。但在茶企业内部，却应该有文化、思维、模式、技术等方面的深刻变革。

创新是企业的使命之一。企业的创新是有目的性的：对外是为用户创造新的价值，包括提供性能更好的产品，提供价格更低的产品，为用户提供更好的产品体验等；对内是为企业创造新的财富，包括更先进的技术、更高的效率、更好的盈利等。

在"创新中国茶2019年度论坛"上，我以"创新不是抖机灵"为题做了"论坛综述"，其原文作为附录二收录于本书，读者朋友们可以延伸阅读。

接下来我还是以垂直品牌型茶企业为例进行讨论。

（1）企业战略创新。在洞察消费趋势和分析行业竞争格局的基础上，茶企业应对企业长期的核心业务、长期业务与辅助业务、短期业务进行取舍、排序，然后对企业资源进行重新配置。

（2）商业模式创新。茶企业应以差异化思维，重新寻找企业的核心盈利点、长期盈利点与辅助盈利点、短期盈利点，并对盈利点进行重新组合，构建新的盈利模式。

（3）营销模式创新。对品牌形象、广告语、传播渠道、促销方式、营销活动进行创新及重新组合。

（4）核心技术创新。对生产中的工艺、流程、技术、装备等进行创新，也包括对营销和管理中的新技术应用和新工具应用等。

（5）供应链模式创新。围绕品质、稳定性、成本、效率等综合要素，对供应链的结构优化、品质控制、交易安全、响应速度等关键要素进行创新。

（6）企业管理创新。对组织架构、职能划分、决策流程、考核内容与考核方法等管理核心要素进行创新，以激发团队活力、提高管理效率和精细化水平。

创新不是一劳永逸的事，而是随着外部环境和内部要素的变化而变化，永无止境。

六、中国茶企业的管理短板

企业管理是企业经营的支持与保障。企业的超前管理、过度管理与企业的滞后管理、粗放管理，对企业经营都有害。

很多茶企业急于在经营上进行创新和突破，以较高的成本寻求外部管理机构的帮助，并与管理机构一起找到了很好的经营方案。但方案实施下来的效果并不好，其原因不一定是经营方案有问题，很可能是企业管理不支持，或者资源配置不到位，导致茶企业在方案实施过程中降低了标准，甚至不能完整地执行方案。茶企业不重视企业管理，不静下心来认真研究和解决企业管理的问题，那么再好的经营方案对企业来说也是无济于事，至少不会让企业得到本应该得到的经营效果和经营业绩。

中国现有的茶企业普遍存在管理缺陷，这些管理缺陷涉及企业经营的各个层面和各个方面。企业管理是一件很专业的事，我只能尝试讨论一下茶企业管理缺陷的结构性根源。

（1）最高管理者问题。最高管理者往往是企业管理规范的最大破坏者。一些茶企业的最高管理者，往往过于强调"灵活经营"，缺乏规范意识和制度意识；坚持独断专行，喜欢事无巨细，习惯亲力亲为，缺乏授权意识；安排工作随心所欲，缺乏分工意识和流程意识。

（2）管理长度问题。绝大多数中国茶企业的业务都涵盖了种植、加工和销售三大环节，这三大环节分别属于第一产业、第二产业、第三产业，并且有些茶企业还涉足了茶旅游、茶文化等业务。在这样的管理长度下，茶企业对于不同的环节需要采用不同的管理模式和管理方法，因此实现整体规范管理的难度很大，成本也很高。

（3）管理宽度问题。由于生存压力或急于提高收益等原因，许多茶企业的业务类型很多、很复杂，就是俗称的业务面太宽、太杂，其中很多类型的业务规模并不大甚至不可能做大。在这样的业务宽度下，企业的管理难度很大，管理成本也很高。

（4）管理标准问题。可能由于茶叶属于非标产品，许多茶企业设置的部门、岗位和运营中的一些流程、环节、操作，都难以确定清晰的边界、难以制定明确的标准，这给规范化的管理带来了很大的困难。

上述四个方面的问题是相互关联、相互制约的，甚至互为因果。

发现问题，找到问题的原因，问题就至少解决了一半。

至于解决问题的具体路径和方法，相信我们从业者有足够的智慧，一定可以找到。

中国茶企业普遍存在的管理短板还有着明显的"副作用"：

外部人才难以进入，进来了也难以留住；

外部资本难以进入，进来了也难以退出。

七、中国茶企业战略的四大要素

制定企业战略，就是确定企业长期坚持做什么，然后基于长期战略制定企业的中期战略和短期战略。本质上，制定企业战略就是选择做什么和不做什么。在实践中，企业选择不做什么往往比选择做什么更为重要，因为在很多情况下，坚持不做什么需要抵制市场诱惑、忍受短时间的经营上的困难。茶企业战略的四大要素如图7-4所示。

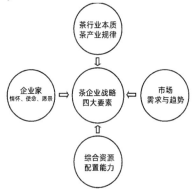

图7-4 茶企业战略的四大要素

茶企业的经营者在制定战略时，需要认真审视四大要素。

首先，茶企业的经营者要花费足够的时间和精力去观察消费者的需求，更重要的是洞察消费者需求的变化趋势，即明白哪些需求是真需求、哪些需求是伪需求，哪些需求是短期需求、哪些需求是长期需求，哪些需求是大众需求、哪些需求是小众需求，并且要搞清楚各种需求下的市场情况如何。

其次，茶企业的经营者要静下心来问自己：是想"改变世界"还是只想"养家糊口"，或只是想"玩一票就走"？茶企业的经营者要搞清楚自己内心的真实想法和愿景。

再次，茶企业的经营者要客观审视自己及核心团队的知识结构、能力结构、企业投资能力，以及对各种内部资源和外部资源的配置能力。

最后，茶企业的经营者要以敬畏之心，深入了解茶产业的发展历程和现状，认清茶产业的本质特点，把握茶产业的本质规律。

对于上述四大要素，茶企业的经营者还需要进行拆解、细分，在必要时可以借助外部管理机构的专业力量。

对上述四大要素不屑一顾，或自以为是，或自欺欺人，是我们茶从业者常犯的错误，而战略错误的后果注定是一场悲剧。

八、品牌茶企业经营的四个层面

经营的本质是有关投入和产出的系列活动，经营的目标是追求更高的投入产出比。

茶企业的业务涉及茶产业链的多个环节、多个层面，所以茶企业的经营内容很多，我把这些经营内容归纳为四个层面。（图7-5）

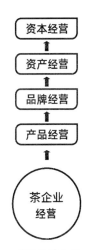

图7-5 茶企业经营的四个层面

1. 产品经营

产品经营是指围绕茶产品的生产和销售而进行的经营活动，茶企业可从中获得利润。生产茶产品是茶企业的本分，经营茶产品是茶企业的核心。产品经营包括对产品品质、产品特色及其产品标准化与稳定性、产品成本等的控制，还包括产品定价策略与销售方式等，涉及的内容很多，工作量大，工作难度也很高。

2. 品牌经营

品牌经营是指围绕茶品牌建设和茶品牌溢价而进行的经营活动。品牌化是茶企业的必由之路，茶企业需要进行系统化和持续性的品牌经营工作。品牌经营还包括品牌资产的积累、管理、估值、溢价经营等。

3. 资产经营

资产经营是指围绕企业资产的投资、管理、运营和估值而进行的经营活动。资产经营包括对企业各种资产的投资调研、投资论证、投资实施、投资管理，以及对企业各种资产的运营、估值等。茶企业进行资产经营的常见困难是茶园、厂房等资产难以取得产权。

4. 资本经营

资本经营是指围绕企业估值、增资扩股、引入投资、IPO（首次公开募股）和对外投资而进行的经营活动。资本经营包括企业估值管理及其经营、与各种外部资本的合作策略及其经营、对外投资的策略及其经营等。

产品经营只要求茶企业具备茶叶生产技术和茶叶贸易能力，绝大多数中国茶企业都只是在产品经营层面忙得不亦乐乎，甚至还没能做好产品经营，而对于品牌经营、资产经营和资本经营，都显得比较外行。但他们自己并不这么认为，比如很多茶企业喊出上市口号、制订上市计划，甚至启动上市行动，其结果可想而知。

九、茶产业的困难与茶企业的机会

中国茶处在农业文明向工业文明的升级过程中，从种植、采摘到加工，从产品风味、产品形态到饮用喜好、饮用方式，从供应模式到销售方式，不同茶企业似乎遇到了很多共性问题。在共性问题面前，许多茶企业都很着急但似乎又很不着急。"太难了，我必须突破！"茶企业在进行了多种尝试和努力过后，却收效甚微，便想"别人能过我也能过"，自我安慰之后又不着急了。

举个例子吧。中国名优茶基本是手工采摘，可以预见的是：采茶工会越来越少，采茶工的年龄会越来越大，采茶工的工资会越来越高。采茶成本连年上升，推动茶产品连年涨价，做品牌的茶企叫苦不迭，消费者都在喊"越来越喝不起茶了"。如果一个行业的产品成本不可逆转地持续上升，那么这个行业的现有模式及产品逻辑就是不可持续的，这个品类的产品就一定会被替换掉。怎么办？近些年，全行业都在呼吁"机器换人"，但怎么换？大规模机器采茶，需要适合机采的茶树品种、适合机采的标准化茶园，并且机采鲜叶制作出来的茶很难符合名优茶的标准。

消费者喝茶的"痛点"，就是茶品牌的机会。

茶行业的共性问题，就是茶企业突破发展的机会。

但是，中国茶业从农业文明向工业文明的升级周期会很漫长，不可能一蹴而就。继续上面的例子，我建议了多家茶企业试探机采模式，包括更换茶树品种、建设标准化茶园、研究机采鲜叶的制茶工艺、研发机采茶的产品风味和产品形态等，并进行消费者测试。

面对茶业的共性困难，如果茶企业都选择绕道而行，那么便很难在竞争中脱颖而出。

中国茶业呼唤产业英雄：看透中国茶业的本质，洞察中国茶业的未来，并以非凡的勇气和毅力，集中炮火逢山开路，集中力量遇水架桥，开辟出一条通往未来的中国茶之路！

十、中国茶行业的经营者和企业

1.商业的三类经营者

第一类是生意思维的经营者，秉持挣钱思维，什么挣钱就做什么，其行为表现为一种无边界的短期主义行为。

第二类是企业思维的经营者，秉持做事思维，专注一件事便做好一件事，其行为表现为一种有边界的中期主义行为。

第三类是品牌思维的经营者，秉持利他思维，为消费者创造价值，努力获得消费者的认可和喜爱，其行为表现为一种有边界的长期主义行为。

2. 商业的两种企业

第一种是项目型企业，其提供特定服务、特定产品或完成特定项目，核心业务是为客户提供定制化的服务、产品和解决方案。这种企业的每一次服务、每一个产品、每一个项目，都是一次性的，甚至是唯一的。

第二种是产品型企业，其开发出一款或几款适销对路的产品，进行重复生产、规模化生产和持久销售、规模化销售。当然，产品都是有生命周期的，因此产品型企业会对其产品进行升级和迭代。

两种企业在企业文化、员工能力、团队建设、管理体系等方面的差别很大。

品牌茶企业是产品型企业，不少外行业的项目型企业进入茶行业做茶品牌，出现悲剧是大概率事件。

3. 中国茶企业的两种成长模式

第一种是价值模式，通俗而言就是小而美、小而强的模式，这是金字塔尖的企业和品牌（参阅第二章"中国茶业的金字塔理论"）的成长模式。价值模式的茶企业如果要做大规模，只能是跨区域发展多个小而美、小而强的品牌。

第二种是规模模式，通俗而言就是先做大再做强、大而强的模式，这是金字塔中部或底部的企业和品牌（参阅第二章"中国茶业的金字塔理论"）的成长模式。规模模式的茶企业如果要作出价值，只能在品牌上下功夫，提升品牌价值，而不是升级品牌定位，也不是进入金字塔尖，更不是提高产品的价格。（图7-6）

定位于"小茶叶"赛道的茶企业，必须选择价值模式。

定位于"大茶业"赛道的茶企业，必须选择规模模式。

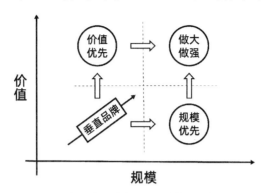

图7-6 中国茶企业的两种成长模式

在初创期和成长期，选择价值模式的茶企业必须采取价值优先的策略，就是先把价值做高；而选择规模模式的茶企业必须采取规模优先的策略，就是先把规模做大。

选择价值模式的茶企业，不能在价值还没做高之时，就转而选择规模模式。

不可取的是：

选择价值模式的茶企业，价值还没做高就转向去做规模；

选择规模模式的茶企业，规模还没做大就转向去做价值。

茶企业的理想都是既有规模又有价值。

必须特别指出的是，单一的垂直品牌茶企业，其规模和价值都是有天花板的，上市几乎不可能。

4. 中国茶企业的两大竞争市场

近几年，对各行各业都在说的存量市场和增量市场、红海市场和蓝海市场、内卷、外卷、破圈，我们可以简单理解为：存量市场和红海市场是一个意思，增量市场和蓝海市场是一个意思，外卷和破圈是一个意思。

在产能和供给过剩的情况下，在存量市场（在红海市场）竞争就是内卷，去增量市场（蓝海市场）竞争就是外卷、破圈。

对于中国茶行业，以茶企业的视角，存量市场、增量市场、破圈的说法更准确，也更好理解。

每一家品牌茶企业，都是主动地或是被动地参与市场竞争。竞争可简单分为两类：存量市场的竞争和增量市场的竞争。

请注意：你的存量市场，可能是别人的增量市场。

下面以"甲"品牌西湖龙井茶为例进行说明。（图7-7）

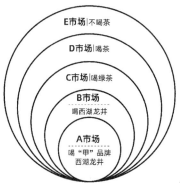

图7-7 茶消费的存量市场与增量市场

(1) A市场代表"甲"品牌西湖龙井茶的已有市场，是"甲"品牌的存量市场，其他品类茶尤其是西湖龙井茶会进来参与竞争，而B、C、D、E等市场都是"甲"品牌的增量市场；

(2) B市场代表西湖龙井茶的市场，是西湖龙井茶的存量市场，其他品类茶尤其是绿茶会进来参与竞争，而C、D、E等市场都是西湖龙井茶的增量市场；

(3) C市场代表绿茶的市场，是绿茶的存量市场，其他大品类茶会进来参与竞争，而D、E等市场都是绿茶的增量市场；

(4) D市场代表喝茶的市场，是中国茶的存量市场，其他饮品会进来参与竞争，而E市场就是中国茶的增量市场。

"优化存量市场、开拓增量市场"是茶企业的总体竞争策略。

怎么优化存量市场呢？通常都是靠质量和服务。

怎么开拓增量市场呢？通常都是靠产品创新和营销创新。但增量市场是分级的，对于不同级别的市场，茶企业采取的具体策略也就不同。

接下来还是用上述的例子进行说明。

对"甲"品牌来说，B、C、D、E是四个级别的增量市场。"甲"品牌首先要根据自己的综合能力作出选择，可以进入B市场，也可以直接进入C或D市场，还可以跳出去直接进入E市场，然后制定相应的竞争策略。

E市场是中国茶的增量市场，茶企业进入E市场竞争，我们称之为茶业"破圈"。

"中国茶需要破圈"已经是行业共识，而且是很紧迫的事了，但绝大多数茶企业并没有行动，原因之一是认为自己还不具备这个能力。我认为有两种茶企业应该行动：一是各个品类的头部品牌企业，他们已经具备了一定的综合能力；二是创新型的茶企业，他们可以直接在中国茶的增量市场上开展业务。

5.中国茶企业的上市困局

企业喊上市口号喊了快二十年了，也有数十家茶企业冲刺上市，但实际情况我们都看到了。

中国茶企业上市的困难在哪里呢？

首先是管理欠规范。中国茶企业普遍存在管理的规范性问题，根本原因在于茶的非标准性，加之供应链太长，经营和管理穿透了第一产业、第二产业和第三产业，导致管理难度太大。此外，后发酵茶的库存升值并不符合通行的财务规则。

其次是供应链不安全。供应链源头的茶园有小区域性和高分散性的特点，采摘也有季节性的特点，并且茶原料的品质和产量受季节和气候的影响也比较大，这就导致了供应链缺乏安全性和稳定性。

第三是持续增长性有限。在茶企业的四种品牌类型中，垂直品牌和庄园品牌是有规模天花板的，这两种品牌主要受制于供应链，因此不大可能上市。

最后是盈利模式不清晰。中国茶的产业链很长，很多茶企业没有明确的产业链定位，无法确定可持续的核心盈利点，难以形成清晰的盈利模式。

绝大多数中国茶企业在不同程度上存在着上述四个主要的上市困难。

十一、中国茶企业的未来在哪里

中国的茶企业已超过十万家，但总体生存状态都不好，极少数跑在前面的头部茶企业已经是处在"无人区"了。

绝大多数传统茶企业都在存量市场中血拼，瞄准增量市场的创新茶企业在市场中并未得到消费者的鼓励。

暂时的困难并不可怕，但如果又对未来感到迷茫，茶企业的经营者就会信心不足、无所适从了。

是继续坚持还是主动退出，是坚守存量市场还是转身增量市场，是绝大多数传统茶企业经营者正在思考的问题，并需要作出判断和抉择。

我给出三个建议吧。

（1）**不侥幸，苦熬不如离场**。还没有能够在存量市场中建立起基本盘，又无力开拓增量市场的茶企业，不会有未来。苦熬毫无意义，主动离场比被动离场更有尊严。

主动离场是一种理性，是一种自知。

（2）**不折腾，韬光养晦**。已经构建起了基本盘的茶企业，如果看不清变化及其趋势，或者没有能力开辟增量市场，就不要盲目行动，更不要瞎折腾，而是要安心在存量市场中守住和优化自己的基本盘，或安心做好产业链中的一个环节、一个点。

韬光养晦是一种定力，是一种智慧。

（3）**不犹豫，一路向前**。在存量市场中做稳了基本盘，并且找到了扩张路径的茶企业，或者在增量市场看清了方向并完成了产品测试和商业模式试错的茶企业，请一路向前。

一路向前是一种笃定，是一种勇气。

◎ 本章杂谈

茶商业更需要理性

无梦想不商业，无激情不商业。但我想说，商业更需要理性。

所谓理性，是指以冷静的态度、全面的认识、详细的分析、严谨的推理，按照事物发展规律来考虑问题、处理事情，并对后果有预知且有后备计划和方案。

保持理性，需要自信和勇气。

中国茶的部分从业者，口号喊得太响亮，梦想太宏大，激情太过头，情怀太丰满，严重缺乏理性，表现为不切合实际、不量力而行、不脚踏实地、不尊重规律、不全面研究、不深入思考。缺乏理性的后果是有着响亮口号、宏大梦想、高昂激情、满满情怀的茶企业，其经营走入了死胡同或者只服务于喝茶发烧友。

茶口号、茶梦想、茶激情、茶情怀、茶使命，都需要茶商业去安放。

08

中国茶产业

产业化是一种组织形式
和运营方式。

一、中国茶产业的三端论

在宏观上，我把中国茶产业分为三端：生产端、商业端、消费端。（图8-1）

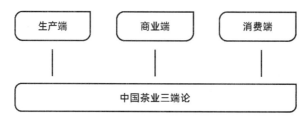

图8-1 中国茶业三端论

这三端相互关联、相互制约。生产端是指产能，消费端是指需求，商业端是指洞察需求、创造需求、服务需求，并从需求出发去整合和改造生产端。

在茶山上的生产端很难理解在城市里的消费端，所以商业端非常重要。

在农业时代，物资短缺，生产决定消费，也就是生产什么就消费什么。

进入工业时代以后，生产效率大幅提升，物质逐渐丰富起来，消费与生产的关系逐步转变为消费决定生产，也就是需求什么再生产什么。

所谓的茶产能过剩，就是茶供给过剩，存在以下两种情况。

其一是真过剩，也就是市场的茶需求被充分满足了，但茶产能还有余量。

其二是假过剩，也就是市场的茶需求并未被完全满足，而茶产能又无处释放。这种情况下的产能被称为无效产能，表现为生产的产品不是市场需求的产品，而市场需求的产品又生产不出来或生产的成本太高。

中国茶的产能过剩属于第二种情况，因为还有很多人不喝茶，很多有了喝茶习惯的人在很多场景下不能方便地喝茶，中国人的喝茶现状距离"人人、时时、处处"喝茶的理想目标之间还有很大的市场容量。

具体来说，中国茶的生产端、商业端、消费端的现状和特点如下。

1. 三端的说法互不相通

生产端采用的是原始的茶农业语法和粗浅的茶技术语法，商业端采用的是未成体系的茶商业语法，而消费端采用的是茶文化说法、似是而非的茶审评语法和茶养生语法。

三端的语法体系各自独立、互不相通，导致了三端各说各话、互不理解的现象。比如，对于消费端的茶文化语法，生产端的从业者根本听不懂，而对于生产端的茶农业语法，消费端的消费者也基本听不懂。

三端的诉求也不同。生产端的诉求是生计，消费端的诉求是方便地喝到好茶，而商业端的诉求是通过品牌化经营获得尊重。

2. 商业端创造价值的能力不足

商业端不能是简单的中间贸易环节，也不能是简单的茶叶组装环节，不创造价值，商业端就没有价值。事实上，不少城市消费者直接上茶山找茶农买茶，就是商业端的尴尬：商业端没有能够创造足够的价值来支撑商业端的加价获利。

3. 生产端和消费端在分散性上的特点，是商业端茶企业规模化之痛

在生产端存在着茶产地的区域性、茶品类的多样性、种植的分散性和初加工的分散性等特点。

消费端存在着茶品类的多样性、消费者喝茶的区域偏好性等

特点。

生产端和消费端这种结构性的分散，导致商业端的茶企业进行规模化的边际成本极高，通俗来说，就是茶企业规模越大，则越难盈利。

4.三端都进入了大规模迭代的周期

在消费端，中国茶的消费主力依然是"50后"和"60后"，

已经全面登场的"90后""00后"，他们之中喝茶者的比例偏低。

在生产端，从业者的主力是"50后""60后""70后"。茶企业如果不改变生产方式，生产端将面临后继无人的局面。

在商业端，茶企业创始人的主体是"60后"和"70后"，他们中的一些人面临着交班难题，他们的子女不愿意接班或接班难度太大，很重要的原因是茶企业太复杂了。

只有有序迭代、顺利迭代、成功迭代，中国茶业才可以持续、健康地发展，我认为这个迭代周期至少是十年甚至更长时间。

为了使茶企业成功迭代，是让后来者去适应传统，还是改变传统来适应后来者？我认为解决办法应当是后者。

二、过长的中国茶产业链

在所有品类的产业链中,茶的产业链应该是最长的了。（图8-2）中国茶的产业链过长，每个环节的规模又不大，各环节之间的交易效率也很低，导致了生产端卖茶难、商业端盈利难、消费端买茶贵。

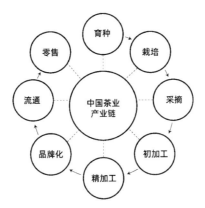

图8-2 中国茶业产业链

一方面，每个环节都有经营主体，大多数的经营主体都很小，每个环节之间都要产生交易，有的环节之间还隐藏着多次交易。交易都有成本，如果交易的规模太小，交易成本就显得更高。

另一方面，为了解决交易环节过多、交易成本过高的问题，很多茶企业采取一体化的全产业链模式，这又提高了茶企业的资金成本和管理成本、降低了各环节的专业化能力和规模化能力。

茶企业要解决的问题是：怎样整合产业链的环节，使得过长的产业链逐步扁平化。对此，不同茶类、不同产地的不同茶企业，有着不同的解决方案。比如，种植型茶企业可以把栽培和采摘两个环节整合起来，甚至还可以把初加工环节整合进去，加工型茶企业可以把初加工环节和精加工环节整合起来，渠道型茶企业可以把流通环节和零售环节整合起来。

三、中国茶产业的破局之道

关于这个话题，我在2011年发表过一篇文章——《纵向分工与横向整合，中国茶产业的破局之道》，我把文章的核心观点总结在下文。

茶企业都声称自己"集茶叶种植、加工、储藏、销售、科研于一体",都试图全程掌控茶产业链,也希望对外证明茶企业的综合实力和茶产品的质量,其实,这正是制约中国茶企业发展的思维枷锁。

全产业链的一体化模式涵盖了种植(农业)、加工(工业)和销售(服务),真正让茶企业实现了对茶产业链的全程掌控,但在资金实力和管理能力两个方面对茶企业有很高的要求,中国茶企业根本玩不动,也玩不了这样的模式。放眼各行各业,分工、聚焦、专注,才是现代企业的发展之路。中国茶企业试图走以全求大、以大求强的路子,肯定走不通。

中国茶产业的破局之道究竟在哪里呢?

1. 纵向分工

对中国茶的产业链进行宏观切分,就是把种植、加工、品牌化、渠道四大环节分离开来。所谓的纵向分工,就是每个茶企业在四大环节中找到适合自己的位置,专心做自己最擅长的事。小型的茶企业还可以在各个环节内部的细分环节中找到适合自己的位置,使茶企业的定位更精准、业务更聚焦。

茶企业通过分工提升专业性,才能使业务更简洁、运营更高效,才容易形成自己的核心竞争力和盈利能力。

2. 横向整合

茶企业在自己的核心环节上积累了一定的实力和相关资源后,便可以在同一环节上进行整合,甚至可以跨茶类、跨茶区进行整合。这种整合可以充分发挥茶企业在模式、业务、资金、技术、人才和管理等方面的综合优势,提高茶企业的综合效率,使企业的资源配置效率、资源利用效率和运营管理效率最大化。

通过整合形成规模效应、提升综合效率,茶企业才能提升自己的产业地位,提高自己的盈利能力。

3. 产业价值链重构

宏观上，茶产业链分为生产端、商业端、消费端；中观上，茶产业链分为种植、加工、品牌化、销售；微观上，茶产业链分为育种、种植、采摘、初加工、精加工、品牌化、流通、零售。

基于茶产业链分工与整合的价值链重构分为两种情况。

第一种是茶产业价值链重构。不同茶类、不同茶区在不同的阶段，其茶产业价值链都需要被不断重构，即随着技术的进步和产业的升级，对各个环节的价值地位和价值能力、各个环节之间的价值关系等进行重新分配，从而更合理地重构产业价值链，提升茶产业的整体效率和整体竞争能力。

第二种是茶企业价值链重构。茶企业的发展过程，也是其核心价值链不断重构的过程，包括对价值链的结构、流程、次序等进行重构，从而增强茶企业的核心竞争力和盈利能力。

价值链重构以产业链重构为基础，是循序渐进和不断优化的过程。

纵向分工、横向整合、价值链重构，三者是交叉、互动、协同的过程。

纵向分工中也包含对微观环节的整合。

横向整合中也包含茶企业通过投资方式介入上下游环节的整合。

4. 茶产业服务的水平分工

随着茶产业的升级，产业链环节越分越细，各环节的运营专业性越来越高，因此所有环节的所有专业化操作全部由各家茶企业来承担，显然是不可能的。

近几年，中国茶产业有了专业服务的水平分工，也有了越来越多的专业服务机构。各个机构分别专注于一个环节的专业性，有自己的专业技术、专业人才、专业设备等，有着专业的服务能力，可以为茶企业提供专业服务。甚至多个相关的专业服务机构可以联合起来，共同为茶企业提供整合服务。

未来，在茶产业服务的水平分工进程中，一定会出现"双向奔赴"的现象：一方面，越来越多的茶企业愿意寻求专业机构的服务；另一方面，专业服务机构也会不断提升自己的专业性和针对性，不断优化服务方式，不断降低服务价格。

当然，茶企业必须明确自身的专业化需求，同时也需要提升对专业服务机构的识别和选择能力。

四、中国茶产业的创新

中国茶产业创新有两个层面：在宏观层面包括结构创新、模式创新和运营创新，在微观层面包括方式创新、技术创新和操作创新。

因为不同茶类的差异性比较大，不同茶区的差异性也比较大，所以我对中国茶产业创新只能进行简要表述。

宏观层面的茶产业创新包括上一节讨论的分工、整合、重构等内容，以及组织模式、运营模式、交易模式、管理模式、服务模式、盈利模式、融资模式等方面的创新。

微观层面的茶产业创新包括具体的生产方式、运营方式、组织方式、管理方式等方面的创新，还包括装备、技术、工艺、流程等方面的创新，以及对信息化、数字化、智能化等方面的新技术进行应用，等等。

宏观层面的茶产业创新，需要以微观层面的创新为支撑，同时也会对微观层面的创新提出要求，倒逼微观层面的创新。反过来，微观层面的创新为宏观层面的创新提供条件，同时会促进和推动宏观层面的创新。

茶产业的创新首先是思维创新，即从业者需要向其他茶区甚至国外茶区学习，向其他农业产业学习，甚至向其他行业学习，开眼看世界，放眼看未来。同时，中国茶产业的从业者要敢于和善于借助资本、科技和智力等外部力量。

茶产业创新的根本目的是茶产业的高质量发展。茶产业的高质量发展有五个关键词：一是产业高产出，这是高质量发展的出发点和归宿；二是产业高效率，既包括微观层面的运营高效率，也包括宏观层面的结构性高效率；三是产品高质量，既包括C端产品的高质量，也包括B端产品的高质量，还包括交易与服务的高质量；四是环境友好，既包括对生态环境的友好，也包括对人文环境的友好；五是发展可持续，即茶产业的发展既要符合产业发展规律，也要符合社会进步规律。

中国茶产业的分工、整合、重构，都是以茶产业创新为手段，以茶产业升级为表现，以茶产业高质量发展为目标。在这个过程中，协同是关键，包括各环节的协同、各层面的协同、各个主体的协同和各种力量的协同。

五、反向整合中国茶产业链

中国茶产业一直是正向运行的，也就是从种茶开始，到炒茶，然后是卖茶，最后是消费者喝茶，这是茶产业链的正向运行模式。（图8-3）

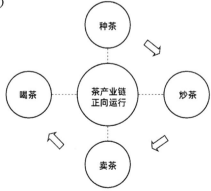

图8-3 茶产业链正向运行

在农业文明时期，生产方式落后，生产效率低下，物质短缺。在这样有限的条件下，人们只能有什么就用什么，甚至有就意味着好，这种模式用现代商业语言表述，就是生产决定消费。

工业文明时期，生产机械化、规模化，生产效率大幅提高，生产成本大幅降低，物质极大丰富。在这样的条件下，消费者就面临很多选择，要好的商品，又要自己喜欢的商品，还要性价比高的商品。农业时期的生产决定消费转变成了工业时期的消费决定生产，这就是所谓的消费者主权时代，其特征是以消费者为中心、以市场为导向、提升服务意识、注重用户体验、为用户创造价值等。

中国茶常说"好茶是种出来的"，而世界茶品牌巨头立顿则说"好茶是设计出来的"，这就是农业思维和工业思维的方向性不同。

当今的市场上有着各种各样的茶产品。中老年消费者可能还是"认死理"，只买自己用习惯了的品牌的产品，而新一代消费者则乐于尝试新品牌的新产品，他们喜新、追新、尝新，希望找到更好的、更适合自己的产品。近些年红极一时的新消费、新产品、新品牌、新传播、新营销等，就是这个背景下的产物。但新一代消费者也会在物质过剩面前陷入"选择痛苦"之中。

中国茶产业如果还是正向运行，那么茶企业只能是在存量市场中争夺中老年消费者，很难规模化地进入增量市场。

但可喜的是，在中国茶市场上已经出现了一些新的茶企业，这些茶企业从消费者出发，基于对消费者需求的研究，开发和设计茶产品，然后向上游逐级、逐步整合供应链，最后实现产业链的反向整合。

在反向整合产业链的过程中，很多环节都会被改造，不愿意被改造的，就会被放弃，不值得改造的，就会被淘汰。

2012年以来，我在微博上多次发帖讨论这个话题。

反向整合茶产业链的路径如图8-4所示。

图8-4 茶产业链反向整合

所谓代工，就是委托方制定产品标准，被委托方（代工方）按标准生产产品，并且在必要时，委托方要帮助被委托方（代工方）改进工艺、更新设备等。

反向整合产业链的本质是消费端的变化倒逼生产端的改变。

六、中国茶的两种产业链模式

消费品大概可划分为两类：普通消费品和奢侈消费品。

面对这两类消费品，消费者的消费心理和消费行为有很大的不同。

下文重点讨论这两类消费品的产业链模式。

普通消费品是规模化生产和规模化销售的产品，形成规模效应，其特点是产品标准化和实用性价比，所谓"实用性价比"是更看重产品的功能性与产品价格。普通消费品的产业链模式是分工的模式，即每家企业只做好一个环节，甚至只做好一件部件。普通消费品产业链的运行方向是反向的，即从消费端出发，升级、改造、整合供应链。

奢侈消费品不追求规模化，走的不是实用性价比路线，而是感觉性价比路线，所谓感觉性价比是指在产品功能性的基础上注重产品的情感价值与产品价格。感觉性价比可能是反实用性价比的，甚至表现为用高价格证明高价值。奢侈消费品的产业链模式必须是全产业链的模式，即生产的每一个环节、每一个细节都由品牌企业掌控。品牌企业要用完整的产业链故事诉说奢侈品的来之不易，支撑奢侈品的情感价值，提高奢侈品的感觉价值。

我主张把中国茶也分为两大类：消费品茶（社交茶和生活茶）和奢侈品茶（文化茶）。

（1）消费品茶（社交茶和生活茶），改造自然满足消费者。

消费品茶的产业链是反向运行的，即茶企业从消费端出发，逐级、逐步改造生产端和供应链，甚至改变茶树品种及其种植方式，采取分工的模式。消费品茶注重实用性价比，其生产和销售都必须规模化，其产品必须标准化。（参阅第三章"中国茶消费"的第三节"中国茶的消费品逻辑"）

（2）奢侈品茶（文化茶），珍藏自然吸引消费者。

奢侈品茶的产业链是正向运行的，即从茶树品种、茶园生态、种植方式、制茶技艺出发，吸引消费者，采取全产业链的模式。奢侈品茶企业重视产量的有限性甚至稀缺性，目的是提升全产业链的人文性和感觉性价比。（参阅第三章"中国茶消费"的第四节"中国茶的奢侈品逻辑"）

◎ 本章杂谈

1. 茶企业的全产业链模式是一个坑

茶企业的全产业链模式是不能被提倡的，甚至是一个坑。

全产业链穿透了第一产业、第二产业和第三产业，三种产业的用工不同、工作方式不同、工作要求不同、管理模式不同……并且各环节很难实现市场化的内部交易。

所以：

全产业链运营的投资巨大、成本巨高，

全产业链运营很难形成规模化、很难保证专业性，

全产业链运营很难规范化管理、很难提升效率，

全产业链运营很难组建团队。

但是，做奢侈品茶的企业必须采取全产业链模式，所以，奢侈品是高价格、高利润和小规模、小受众。

2. 中国茶产业的"囚徒困境"

中国茶产业存在诸多乱象和问题，大多数从业者都看到了问题，也都在批评乱象，但部分从业者又是乱象的制造者或参与者。在乱象中保持洁身自好的从业者并不多，这本身就是一个问题。

中国茶产业面临很多困难，并且大多数从业者都遇到了困难，也都在分析困难。但从业者大都不怎么着急，着手破解产业重大难题的从业者寥寥无几。

2023年1月，中国茶业商学院推出了年度聚焦文章《中国茶业的"囚徒困境"》，其原文作为附录七收录于本书，读者朋友们可以延伸阅读。

第九章

中国的区域茶产业

一片神奇的树叶。

一、茶叶区域公用品牌

茶叶区域公用品牌由产地名和茶品类名构成，是在一个具有特定自然生态环境、特定历史人文因素的区域内，由相关组织所有，由若干农业生产经营者共同使用的茶产品品牌。

产地名在原则上是县或地级市的名称（云南普洱茶的产地名是个特例）。超过地市级的区域范围，产地就不可能具备特定自然生态环境、特定历史人文因素的基本要素。

有别于水果、蔬菜等原始农产品，茶叶产品属于再加工的农产品，所以区域公用品牌中的茶品类名，绝大多数演变成了茶叶加工的工艺名称，只有极少数的茶品类名与茶叶加工的工艺无关。（参阅第四章"中国茶产品"的第四节"中国茶的分类法"）

这是茶叶区域公用品牌命名的基本规则。如果没有遵循这个规则，茶叶区域公用品牌的建设就会困难很多，甚至难以成功。

茶叶区域公用品牌有以下几个核心要素。

（1）特定人文。在传统农业社会，人们的活动半径很小，劳动与生活的区域大都以河流、山脉等自然条件为分界线，这使得区域内部形成了自有的风俗、习惯、礼仪、生活方式等。各个区域之间的相互交流不多、相互影响不大，各个区域保持着各自的人文特征。

（2）特定区域。茶树是一种比较神奇的植物，从外地引进的茶树品种，会慢慢被特定区域的自然环境同化，这才有"群体种"和"土茶树"之说。所以，特定的自然生态环境是茶叶区域公用品牌最核心的要素。

（3）特定工艺。特定工艺是指对特定区域的茶原料，使用特定的制茶工艺。这是茶叶区域公用品牌的起点之二。所谓"适制性"，说的是每个特定区域的茶原料，都会被探索出最适合的制茶工艺，显示了中国人的智慧。

（4）特定规范与标准。特定规范与标准是指与特定区域、特定工艺相匹配的种植规范、工艺方法、茶产品形态等。

（5）茶产品特征。茶产品特征是指基于上述核心要素，特定区域内的茶产品所共有的、有别于其他区域茶产品的典型风味特征。

（6）茶文化特征。茶文化特征是指在茶产品之上附加特定的人文因素，在茶产品呈现和区域公用品牌建设中发挥"软作用"。

（7）所有权和使用权。茶叶区域公用品牌的所有者基本上是当地的茶叶协会或其他茶行业组织，当地的品牌茶企业只有获得授权才能使用区域公用品牌，这就需要制定一个管理办法，包括准入条件、使用规范和退出机制等。但现状是，当地茶农未获授权也都在使用公用品牌的名称。

所谓"特定"，就是独有，茶产品最后以独有的风味特征呈现给消费者。这里有三个的问题：有没有独有的风味特征，这个独有的风味特征的辨识度高不高，决定性的问题是消费者爱不爱，爱的人多不多，爱得深不深。

建设茶叶区域公用品牌，从业者需要认真考量以上七个核心要素。如果不具备这些核心要素，建设区域公用品牌就很难，甚至不会有结果。

二、区域茶产业的茶品类结构

1.区域内单品类茶的"1＋N"产品生态

在一个特定区域内，探索出最适合的制茶工艺，制作出具有独特风味特征的茶产品，形成一个茶品类，基于这个小品类茶，建设这个区域的茶叶公用品牌。

在这个品类中，茶产品的级别从低到高，形成一个垂直产品线。不少特定区域内，还有微小的区域甚至山头，在特定区域共有的茶产品风味特征基础上，再具有更细微的个性化风味特征，也就是在区域共性之上再具有微小区域个性。在这些微小区域甚至山头，茶产品级别也会形成从中到高的垂直产品线。

由此，在一个特定区域内，一种品类茶可以是"1＋N"条垂直产品线，"1"是能够规模化、具备区域品类茶共性特征的垂直产品线，这个产品线的重心在中、低级别；"N"是区域内N个只能小规模、具备在区域共性特征之上的微小区域个性的垂直产品线，这个产品线的重心则在中、高级别。

一个特定区域内的一个品类茶，"1"有较高的标准化和一定的规模化，"N"有鲜明的个性化和足够的多样性，这样的"1＋N"就构成了完整的小品类茶的产品生态，缺一不可。

在历史名优茶产区，"1"比较弱，"N"比较强，而在新兴名优茶产区则正好相反，"1"比较强，"N"比较弱。形成这种产品生态结构的逻辑很简单，但二者都需要补短板，否则，其持续性发展就会遇到困难。

2.区域内多品类茶的"1＋N"产品生态

为了提高茶资源利用率和茶产业效益，近些年，各产茶区都开始了品类多元化的探索，也就是在核心品类茶（或者说是主品类茶）的基础上，横向扩充茶品类，本质上是利用特定区域的茶资源，使用多种制茶工艺，制作出多品类茶，包括在各种茶园、在各个季节，采摘各种外形的茶，使用各种合适的制茶工艺。

区域内就出现了多品类茶的"1＋N"生态。"1"是主品类茶，"N"是辅助品类茶。如果"1"足够强、足够大了，"N"就可以顺势而为，否则，很容易"丢了西瓜而捡了芝麻"，甚至丢了西瓜还没捡到芝麻。

区域茶叶产品的两个"1＋N"生态，相辅相成，形成了合理的茶产品生态结构，但必须以"1"为基础、为核心、为主力，"1"既是区域茶产品的主力、主体，也是区域茶产品的市场主角，更是消费者对区域茶产品的认知入口和消费入口。

3.区域内单品类茶的"1＋N"金字塔结构

区域内单品类茶的"1＋N"金字塔结构如图9-1所示。

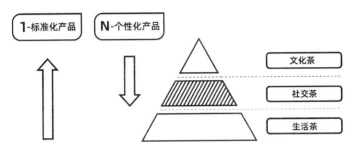

图9-1 区域内单品类茶的"1+N"金字塔结构

区域内单品类茶的"1"，即标准化产品，主要分布在生活茶和社交茶领域，可以上探到文化茶领域。

区域内单品类茶的"N"，即个性化产品主要分布在文化茶领域、可以下探到社交茶领域，但不可以下探到生活茶领域。

4.区域内多品类茶的"1＋N"金字塔结构

区域内多品类的"1＋N"金字塔结构如图9-2所示

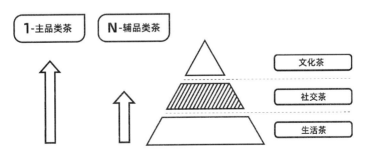

图9-2 区域内多品类茶的"1+N"金字塔结构

区域内多品类茶的"1"，即主品类茶，分布在文化茶、社交茶、生活茶领域。

区域内多品类茶的"N"，即辅品类茶，只能分布在社交茶、生活茶领域。

三、龙头企业集群

龙头茶企业是区域茶产业的主体，更是区域茶产品在市场上的主角。

没有龙头企业，或龙头企业太少、太弱，那么这个区域的茶产业不仅难有产业效益，也难有市场竞争力，区域的公用品牌就是空心化的。

所以，一个区域茶产业的发展，一个茶叶区域公用品牌的成长，必须要依靠一个龙头茶企业的集群。

培育和扶持龙头茶企业的集群，是产茶区政府发展茶产业、建设区域公用品牌的重要抓手。

进一步而言，中国茶需要大企业集群和大品牌集群，当然也需要小而强的企业集群和小而美的品牌集群，从而构建中国茶的产业生态、企业生态和品牌生态。

龙头企业分为两种类型：C端品牌企业，B端品牌企业。

C端品牌茶企业主要面向消费者做品牌茶，这里不再赘述。

B端品牌茶企业主要负责提供原料茶，如为茶叶深加工企业提供原料茶、为外贸茶企业提供原料茶、自营出口原料茶，以及提供代加工服务。

一直以来，C端品牌茶企业基本上是基于某一品类茶的垂直品牌茶企业，所以大都注册在产茶区，只有为数不多的渠道品牌茶企业和横向品牌茶企业注册在非产茶区。注册在产茶区的垂直品牌茶企业，都会建设自己的工厂和供应链。随着产业的升级和品牌的发展，垂直品牌茶企业会逐步向品牌环节聚焦，会为自家的核心产品建立工厂和供应链，但其非核心产品都需要外部工厂和外部供应链，这就是B端品牌企业的产业机会。

近些年，出现了很多在远离产茶区的城市创立的茶企业，这些企业需要在产茶区寻求代加工茶企业和供应链，这也是产茶区B端品牌茶企业的机会。

每个产茶区都必须有龙头茶企业的集群，包括C端品牌的龙头茶企业和B端品牌的龙头茶企业。

四、公用品牌与龙头企业

区域公用品牌和龙头茶企业的关系，犹如航空母舰和舰载飞机的关系。只有将二者完美组合，区域品类茶才能在浩瀚的市场大海中游刃有余、赢得自己的份额。

按照这个比喻，中国的区域茶产业有以下几种情况。

（1）航空母舰和舰载飞机都比较强大。在这种情况下，区域茶产业就容易发展。

（2）航空母舰和舰载飞机都不强大。在这种情况下，区域茶产业面临的困难就很大。

（3）航空母舰比较强大，但舰载飞机比较弱小，这种情况多见于历史名优茶区。在这种情况下，打造大而强的舰载飞机是首要任务。

（4）航空母舰比较弱小，但舰载飞机比较强大，这种情况多见于新兴名优茶区。在这种情况下，龙头企业集群会带动区域公用品牌的发展。

（5）超级强大的飞机可以单飞远航，这是我们希望看到的景象。

五、B2B原料茶交易平台

在大约十年前，中国出现了几个茶交所(茶叶交易所)。我在调研以后跟茶交所的工作人员说："你们这种商品端的茶交所是不成立的，未来，中国一定会出现原料端的茶交所，那才是机会。"

今天看来，这个机会正在到来。

一方面，过去二十年间，中国新开垦的很多茶园都进入了丰产期，有大量的茶产能需要被消化。我们不能要求茶农都去做品牌，因为茶农在产区做品牌深受理念、人才和资金的困扰。

另一方面，随着茶产业的发展，其产业链分工也在细化。随着茶品牌的成长，其重心逐步向消费端转移，而越来越多的茶品牌直接创立在城市中，这些茶品牌都需要采购原料茶。更多的新茶饮企业、茶饮料企业、茶深加工企业，甚至国外的茶企业和茶品牌，都有巨大的茶原料需求。

专注于上游的种植型茶企业和加工型茶企业，都在寻找下游的原料采购商，而专注于下游的各种品牌茶企业和深加工茶企业，包括国外的各种茶企业，都在寻找上游的原料供应商。

原料茶交易的困境已经凸显出来。

以规范化和规模化为核心的B2B原料茶交易平台呼之欲出，这种交易平台可以提高原料茶交易的效率和安全性，大幅降低原料茶的交易成本，并且能加速提升茶企业在茶叶种植与茶叶加工环节的规模化能力和标准化水平。

B2B原料茶交易平台的规划、设计、建设和运营，是一个专业的领域，需要专业机构的参与，因此B2B原料茶交易平台需要组建专业的运营团队。

六、区域茶产业的升级路径

2000年以来，在政府的引导和鼓励下，中国绝大多数茶产区都在大规模地开垦茶园、扩大茶叶的种植面积。"有了规模，才能形成产业，之后再抓品质和做品牌。"茶产区政府的这个产业逻辑是成立的。

对于"开垦茶园，扩大种植面积"，大部分的当地政府还是很有办法的，但对于"做产业，抓品质，做品牌"，办法就不多了，很多办法也不灵。绝大多数茶产区面临着茶叶销售难、茶农不增收的巨大压力，所以中国茶的从业者提出了"茶产业提质增效、高质量发展"的重大课题，通俗而言，就是区域茶产业要从规模驱动的模式转型为价值驱动的模式，这是区域茶产业升级的重要命题。

"茶产业高质量发展"有以下五个关键词：产业高产出，产业高效率，产品高质量，生态友好，发展可持续。

具体实施方法包括以下六种。

第一，优选茶树品种。优选既适合特定区域的自然生态环境，又有市场前景的优质高产的茶树品种，整体提高"良种率"。

第二，进行集约化、规范化和标准化的种植。以合理的集约化的原则，并对茶园进行标准化改造，实行规范化栽培与管理，提高种植环节的劳动效率。未来的茶园会分为三大类：第一类是高山茶园，包括高山自然茶园、高山梯田化茶园；第二类是缓坡茶园和平地茶园，包括大规模连片茶园、小规模连片茶园；第三类是观光体验茶园。

第三，推行产品多样化。采取多标准采摘、多季节采摘的模式，从而生产多样化的产品，延长生产周期，提高茶园的综合产出效益。

第四，推进生产机械化。从茶园管理、茶叶采摘，到茶叶初加工、精加工，区域茶产业的从业者应全面实施"机器换人"的策略，制定对应的工艺标准与操作标准，引进和研发专业设备，整体提高生产效率和产品标准化水平。

第五，构建友好生态。保持和维护茶园的植物多样性，防止水土流失，规范使用化肥和农药。

第六，提升组织化程度，优化组织结构，构建、升级并强化产业秩序，尊重茶农诉求，尊重产业规律，逐步解决生产分散、产业无序的难题，包括生产资料和专业服务的集中采购、产业资源共用和行业资讯共享、各种标准的统一、各种规则的统一、各环节的规范协同、各种交易的规范运行等，整体提高茶产业的运行质量与运行效率。

七、区域茶产业的四大主角

区域茶产业的主角有四个：政府、茶业行业组织、茶企业（茶商）、茶农。

对于区域茶产业的发展，从业者必须厘清并处理好这四大主角的关系，即各个角色应该定位清晰、职责明确，切忌角色串位、角色越位。

各个角色的关系影响着产业秩序，如果各个角色的定位不清、职责不明，角色串位、角色越位，那么区域茶产业一定是没有秩序的。

政府是茶产业发展的领导者、组织者、监管者。我不赞成也不看好政府通过投资公司"下场踢球"，我认为政府最多可以进行基础建设和进行投资引导，或者为当地茶产业打造服务平台，或者为当地茶产业作出示范企业，并在当地茶产业发展到一定水平后择机退出。

茶业行业组织做品类。当地茶业行业组织是茶叶区域公用品牌的所有者，因此区域公用品牌的建设和管理，应当是当地茶业行业组织的首要职责。当地茶业行业组织还要担当起内部沟通、外部交流、建设和规范产业秩序等重要职责。此外，当地茶业行业组织需要当地各级政府的领导和支持。

茶企业做品牌。当地茶企业应专心做好自己的企业品牌和产品品牌，以及市场拓展和渠道建设等营销工作。

茶农做品质。茶农应专注于茶叶的种植环节，在源头上不断提升区域茶的原料品质。我明确反对一些人倡导的"茶农在茶园里卖茶"的销售模式。

八、茶叶区域公用品牌建设的结构

区域公用品牌建设是地方政府推进区域茶产业高质量发展的主要抓手之一。但是，品牌的载体是产品，产品的基础是产业，而茶企业不仅是茶产业的主体，也是茶市场的主角。

区域公用品牌建设，不是简单地打广告、办活动，而是在整体上把公用品牌、企业品牌、产品能力、产业基础四个层面的工作协同起来。当然，在不同的阶段，区域茶产业的从业者可以有不同的侧重。（图9-3）

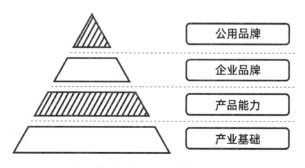

图9-3 茶叶区域公用品牌建设的结构

1. 一个公用品牌

（1）政府是区域茶产业的领导者和组织者，茶业组织是区域公用品牌的管理者。

（2）区域公用品牌要有一个logo、一句广告语、一套价值系统和一套知识系统。

品牌的logo要符合现代审美，广告语要准确、简洁、响亮。

广告语所表现的内容分为两个阶段：第一阶段，主要表现区域茶的物理价值；第二阶段，主要表现区域茶的人文价值。

（3）在媒体碎片化时代，区域公用品牌必须采用新的传播方式，并且传播重心不是在行业内，而是应落脚到消费端。同时，区域公用品牌应注重基于产品体验的品牌推广，开展具有传播性的体验与推广活动。

（4）由于茶的市场广阔，并且喝茶存在区域偏好，所以市场拓展不能遍地开花，而应该分区域逐步推进，区域公用品牌应以先易后难的原则选取目标市场。

（5）传播推广、市场区域拓展、线下渠道建设，三者应该保持同步和互动。

2. N个产品品牌

（1）茶企业是茶产业的主体，茶产品品牌是茶市场的主角。

（2）在公用品牌的基础上，不同的茶产品品牌应打造不同的产品个性和品牌定位，并且不同的茶产品品牌的传播和推广要与公用品牌保持密切互动。

（3）产品品牌的主要任务是进行市场拓展及渠道建设，并且产品品牌的市场拓展应该与公用品牌的市场拓展保持同步。

3. 产品能力

（1）产品是品牌的载体。

（2）区域茶产品要形成共同的风味特征。

（3）提升区域茶产品性价比的手段有提升产品价值、降低生产成本、提高运营效率。

（4）应提升区域茶产品的标准化与稳定性。

（5）应努力构建和完善区域品类茶的"1+N"产品生态。

4. 产业基础

（1）一定规模的茶叶种植面积是区域茶产业的基础。

（2）茶树品种和区域自然生态环境是区域茶产品特色的基础。

（3）茶园结构及配管模式是区域茶产品品质和区域茶产业效率的基础。

（4）加工技术和现代化的设备是茶产品标准化和稳定性的基础。

5. 良好的产业秩序

（1）政府、行业组织、企业、茶农四大主角分工明确。

（2）要规范和严格地对区域公用品牌的授权进行管理，要有准入门槛、过程监管和退出机制。

（3）从茶树品牌、茶园管理，到加工工艺、产品品质、价格体系，都要有可执行的标准，也要有统一指导和统一监管。

（4）构建茶企、茶商和茶农的诚信体系。

（5）保障重要生产资料的有序供给、产业服务的有序配套，保证各环节交易的有序、公平、公正。

（6）进行对外传播和推广时的形象、文字应保持一致。

（7）要有有着明确导向的产业扶持政策。

九、一张蓝图绘到底

区域茶产业是一个系统工程，更是一个长期工程，没有"一蹴而就"，更不可能"一招制胜"，应该谋定而后动，"一张蓝图绘到底"，一任领导接着一任领导干，一届政府接着一届政府干，才有可能干好、干成。

所谓谋定而后动，首先是"谋定"，而不是盲动，就是在真正搞清楚了区域的综合资源特点、茶产业的发展规律和茶消费的未来方向之后，在深入调研和广泛论证的基础上，明确制定一个区域茶产业的发展方向、发展战略和实施规划。

方向确定了，战略确定了，规划确定了，就必须保持坚强的战略定力，但具体实施路径可以调整和优化。

如果一任领导确定一个茶产业方向，一届政府制定一个茶产业战略，区域茶产业就很难得到顺利发展，可能会浪费巨大资源，还可能折腾了区域内的茶企业和茶农。

一张蓝图绘到底，是区域茶产业发展的重要原则。

◎ 本章杂谈

1. 茶旅融合是个美丽的陷阱

前文讲过，对消费者来说，喝茶这一行为永远只是生活的一个配角，任何把喝茶设定为生活主角的商业模式都是自作多情，大概率不会成功。

所以，茶旅融合至少需要具备以下两个基本条件之一：

（1）茶旅景区坐落在大型知名景区之中，游客可以在茶旅景区中稍作停留；

（2）茶旅景区在中心城市周边（比如距中心城市一小时左右的车程），而且必须有休闲、体验和采购等配套服务。

如果不具备上述基本条件之一，那么茶旅融合项目大概率不会取得成功。

即使具备了以上两个基本条件或其中一个基本条件，在实践中，茶旅融合还有两个基本原则：一是"短旅游"，二是"浅体验"。为游客设计的"长旅游、深体验"的茶旅融合项目，大概率也不会取得成功。

事实上，对于茶旅融合，不仅不少茶企业提了许多年，而且有些企业已付诸行动了，包括进行规划、投资、建设、运营、传播和推广，但我至今还没有见到一个成功的案例。

更为重要的是，对于茶旅融合项目，茶行业的从业者还没有找到明确的、清晰的、可持续的盈利模式。

2. 不赞成茶产区政府"下场踢球"

在充分竞争的领域，涉农的国有企业并不具备竞争优势，甚至在市场响应速度、企业运营效率、供应链管理能力等关键要素上，国有企业很难跟民营企业比拼。

在很多产茶区，茶产业肩负着农民致富的重任，所以茶产区政府会出台各种政策，通过各种方式支持当地茶产业的发展。

但我不赞成茶产区政府组建国有茶企业。事实上，茶产区的国有茶企业很难取得成功，即使是早年留下来的几类国有茶企业，也只是在茶叶外贸业务和边销业务等方面积累了一定的优势。

但是，茶产区的国有茶企业可以在茶产业基础建设、茶产业平台建设等方面有所作为。而在后发的茶产区，国有茶企业可以发挥产业引导的作用，待当地的茶产业发展到一定水平后择机退出。

第十章

中国茶馆

"第三空间"
是现代都市人的刚性需求。

一、传统茶馆的困境

我国的茶馆由来已久。据记载，两晋时已有了茶馆。

自古以来，喝茶的场所有多种称谓，在长江流域多被称为"茶馆"，在两广地区多被称为"茶楼"，在京津地区多被称为"茶亭"，此外，还有"茶肆""茶坊""茶寮""茶社""茶室"等称谓。

自2000年左右以来，我国城市中的茶馆和茶楼多了起来，一度很繁荣。二十年过去了，中国茶馆整体陷入困境之中，主要表现在以下几方面。

（1）盈利能力弱，生存状况堪忧，导致其地理位置逐步退出城市核心地段和繁华区域。

（2）品牌茶馆很少，连锁经营的品牌茶馆则更少。

（3）包括产品、业务、服务在内的经营模式杂乱，盈利模式不明确、不清晰。

（4）装修风格传统，不受年轻人喜爱。

在城镇化、工业化、信息化的社会背景下，现代都市居民对家庭和办公室以外的"第三空间"有巨大需求，而且这种需求是一种刚性需求。中国茶馆没有能够满足这个需求，但反观各式各样的咖啡馆，早已遍布大小城市的大街小巷。

因此，我们需要重新定义中国茶馆。

二、茶馆的商业本质

茶馆的重心不是"茶"而是"馆"，而"馆"是空间概念，所以，茶馆的经营核心是"空间"，而不是"茶水"，"茶水"只是媒介和载体。

我在多个茶馆业论坛上与一些茶馆馆主们互动：消费者来你的茶馆是为了喝一杯好茶吗？茶馆主们略微思考后回答我：不是。好茶不在茶馆，就如好咖啡不在咖啡馆一样，但茶馆的茶不能太差，就如同咖啡馆的咖啡也不能太差一样。

茶馆的商业本质是经营空间和时间，茶是媒介和载体。

从这个商业本质出发，我们可以剖析一下中国传统茶馆的经营困境。

（1）茶馆的消费属性是社交和休闲，人们在此消费的是空间和时间。

空间是指茶馆的空间布局、空间环境感受。

时间是指作为媒介和载体的茶水品饮及其服务体验等。

消费的成本是茶馆的收费。

此外，有些类型的茶馆还要照顾消费者社交的私密性。

（2）一家茶馆的营业空间是有限的。

除去操作间、吧台、仓库，还有洗手间和过道等公共空间，茶馆留给顾客的空间是十分有限的。

（3）一家茶馆的营业时间是有限的。

很少有24小时全时段营业的茶馆。事实上，茶馆的消费属性决定了其营业时间主要集中在下午和晚上。

（4）茶馆主租下门店，租下的其实是门店的使用空间和使用时间。

茶馆主租下门店的使用空间，然后进行设计、装修、布置等。除去操作间、吧台、仓库等工作空间和洗手间、过道等公共空间，剩下的才是用于经营的空间。

茶馆主租下门店的使用时间，除去闭店时间，剩下的才是经营时间。

茶馆经营，是以批发价获得使用空间和使用时间，再在其中拿出部分空间和部分时间零售给顾客，茶馆经营的就是这个"批零差"。

（5）在空间利用率和时间利用率相同的情况下，茶馆的消费定价就直接决定了"批零差"的值，而消费定价取决于茶馆的地理位置、空间感受、服务感受、茶水感受和品牌附加值等。

（6）从茶馆经营的角度看，空间经营与时间经营密不可分。按空间收费就是按消费者人数或占用的台位收费，或者在此基础上按消费者驻留的时间收费，这看起来似乎是合理的。但是，简单、明白地按茶水的杯数收费才是消费者愿意接受的，这种收费模式也便于茶馆的规范化管理。

（7）冲泡传统茶时，是可以续水的，这种喝茶习惯给茶馆的时间经营带来了困难。可以续水意味着除了需要开水，还需要服务，并且消费可以持续很长时间。在这种情况下，只是按茶水杯数收费就不合理了。

（8）已经有茶馆按照不续水的茶水杯数收费，这是一个很有意义的尝试，在本质上是用不续水的茶水切分时间，提高茶馆的时间经营效率，也可以大幅度降低茶馆消费的准入门槛。比如，一杯可续水的茶水收费较高，这是因为收费中包含了开水和服务的成本，以及驻留的时间成本。而一杯不续水茶水的收费可以较低，消费者喝完了茶水就结束了消费，如果需要继续驻留则可以再点一杯茶，并且可以换另一种风味的茶。

（9）传统茶馆按照可续水茶水的杯数收费，在其上又附加了人数或按照台位的收费、驻留时间的收费，使得茶馆的消费门槛过高，挡住了很多只需要短时间驻留的消费者，也给茶馆的经营管理增加了难度。

（10）传统茶馆消费价格的垂直度过高，成了消费者进入茶馆的一道心理门槛。一杯茶水的收费从十元级到百元级甚至到千元级，面对这种价格差异，消费者，尤其是商务喝茶与社交喝茶的消费者，不敢贸然进店。星巴克门店咖啡的价格基本都在30元/杯到40元/杯，消费者进店时的心理压力就会小很多。

（11）在茶馆中进行社交和休闲的消费者，其对收费、喝茶、环境和服务的感受，应该是轻松和随意的。

（12）从茶馆主的角度来看，要核算综合投资、运营成本和经营收益。综合投资包括装修、家具、设备、用品等方面的投资，运营成本包括物业租赁费用、员工工资、水电费用、耗材成本等，而经营收益则取决于定价水平和空间经营效率、时间经营效率。

（13）茶馆品牌化的基本要求是茶水及其冲泡、服务、收费的标准化和流程化。连锁品牌茶馆还要求识别体系、环境感受、产品体验、服务方式、收费标准的统一性和标准化。

（14）茶水冲泡与现场服务的简约化、标准化、流程化，不仅可以降低茶馆的服务成本、管理成本，而且可以降低茶馆的用工成本，包括招工成本、培训成本等。

（15）一家茶馆的定价水平取决于地理位置、空间感受、茶具和茶水体验、服务体验等，茶馆的经营成本就是房屋租金、综合投资、运营成本等，茶馆的盈利水平在于空间经营效率和时间经营效率，餐饮业的翻台率就是空间经营效率与时间经营效率的一个指标，客流量是关键。

（16）茶馆的客流量，取决于茶馆的品牌号召力、地理位置、空间感受、服务质量、茶水品质和茶具感受等因素，以及基于这些因素之上的定价。

基于这样的分析，传统茶馆是没有未来的，我们需要重新定义中国茶馆。

需要注意的是，咖啡馆和新茶饮店的重心可以是经营空间和经营时间，产品只是媒介和载体，也可以是只经营产品而不提供空间，也就没有了时间的经营。对于咖啡和新茶饮而言，尽管现场饮用的口味最佳，但很多消费者愿意取走饮用，还有不少消费者直接在线上点单、线下配送。

三、四类茶馆及其经营模式

我认为我们的城镇至少需要四种类型的茶馆：文化地标型茶馆，轻奢商务型茶馆，时尚社交型茶馆，社区休闲型茶馆。（图10-1）

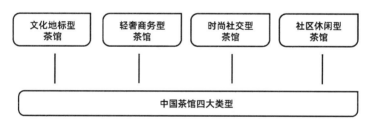

图10-1 中国茶馆的四大类型

1.文化地标型茶馆

这类茶馆属于奢侈消费级别，其空间风格彰显地域文化，装饰奢华，配有大师级茶具、稀缺的茶叶，提供专业冲泡的极致服务。这类茶馆在普通城市可以只有一家，在省会城市可以有两到三家，在特大型城市可以有三到五家。

选址：城市中心地段。

2.轻奢商务型茶馆

这类茶馆属于中高消费级别，其空间风格简约、商务，配有轻奢级的装饰、茶具，以及知名品牌的茶叶，提供专业冲泡和体贴服务，设置私密空间，采取连锁化经营的模式。

选址：城市商务区地段。

3. 时尚社交型茶馆

这类茶馆属于中低消费级别，其空间风格文艺、时尚化，配有极简的装饰、家具、茶具，以及知名品牌或自主品牌的茶叶，提供自助冲泡的简单服务，采取连锁化经营的模式。

选址：城市商业区地段、城市旅游区地段。

4. 社区休闲型茶馆

这类茶馆属于中低消费级别，其空间风格温馨、亲民，配有极简的装饰、家具、茶具，以及知名品牌或自主品牌的茶叶，提供自助冲泡的简单服务，可配备小空间棋牌室，采取连锁化经营的模式。

选址：城市中高端小区地段。

当然，每一类型的茶馆都可以在消费级别上进行分级定位，尤其是后三种类型的茶馆。分级定位的要素包括选址、空间、装饰、家具、茶具、茶服务和收费等。

四、茶馆可以卖咖啡

我曾经跟很多茶馆主讨论：你的茶馆为什么不卖咖啡呢？他们中，有人沉思，也有人跟我说："我们是茶馆，怎么能卖咖啡呢？"其表情和语气带有几分对"茶馆卖咖啡"的鄙视。

很多咖啡馆，包括知名大品牌，都在大大方方地卖茶水。

茶馆为什么不能大大方方地卖咖啡呢？

鄙视"茶馆卖咖啡"，或许出于一种清高，也或许出于一种自卑，但我更愿意将其理解为茶馆主缺少消费者思维或者经营思维过于局限。

从消费者的视角来看，在同一个商务群体、同一个社交群体、同一个休闲群体中，有人喜欢喝茶，也有人不喜欢喝茶而喜欢喝咖啡，这是不同消费者的不同的需求。

从茶馆经营的视角来看，满足消费者的需求才能留住消费者、吸引消费者，这正是经营的本质。

咖啡馆以咖啡为主题、媒介和载体，在空间装饰、产品设计和服务方式上，应当以咖啡元素为主。为兼顾不喜欢喝咖啡而喜欢喝茶的消费者，咖啡馆的茶品类可以精简一点，茶服务可以简单一点。

茶馆则相反，是以茶为主题、媒介和载体，在空间装饰、产品设计和服务方式上，当以茶元素为主。为兼顾不喜欢喝茶而喜欢喝咖啡的消费者，茶馆的咖啡品类可以精简一点，咖啡服务可以简单一点。

文化地标性茶馆就不要卖咖啡了。

五、茶艺师的价值

茶艺师有没有独立价值呢？

大约十年前，我在思考茶艺的价值的时候，曾经跟几位茶艺师培训老师和高端茶馆的经营者讨论过这个话题，并提出了我的一个构想：我们的茶艺师应该在茶馆实行挂牌服务，即茶馆对茶艺师和茶艺服务进行分级并明码标价，这样就可以让茶艺师这一职业成为一个有价值、受尊重、有晋升通道、有晋升动力的职业。

当然，茶艺表演也是茶艺师价值的体现，但仅凭茶艺表演，不足以让茶艺师成为一个职业。

　　十年过去了，我的这个构想没有实现，茶艺师的取证培训和职业状况依然没有改观，茶馆的茶艺师，只是提供偶尔的茶艺服务，主要还是负责茶馆的普通服务工作甚至保洁工作。

　　一些有梦想的茶艺师都向往着开办一个自己的茶文化工作室，因为茶艺表演、茶艺培训和茶艺服务的收益支撑不起茶艺师的梦想，甚至还支撑不了茶艺师的生活。所以，他们大都会自己上茶山找茶，回来了在朋友圈卖茶，即便如此，茶文化工作室的生存状况并不美好。

　　如果茶艺师成为一个具有独立价值的职业，其价值就应该有商业变现的方式和通道。

六、新中式茶馆的探索

　　现如今，"第三空间"已成为现代都市人的海量的刚性需求，但传统的中国茶馆没能满足这个需求，并在整体上呈没落之势。但是，咖啡馆正在加速扩张。在这样的背景下，新中式茶馆应运而生，并引起了众多创业者、投资者和中青年消费者的广泛关注。

　　新中式茶馆，正在重新定义中国茶馆。

　　在消费者的年龄结构上，新中式茶馆的消费者主要是"90后"和"00后"，其次是"80后"和"00后"。这些消费者的共同特点是他们的生活态度和生活方式都已经都市化。

　　新中式茶馆，重点在"馆"，即满足消费者社交与休闲的空间需求和时间需求，以中国茶为主题、媒介和载体。

　　中国传统茶馆的核心问题是太"重"了。新中式茶馆的核心变化是去"重"做"轻"，即尝试着把茶文化做"轻"、把茶空间做"轻"、把茶时间做"轻"、把茶服务做"轻"、把茶知识做"轻"、把茶品类做"轻"、把茶叶及其茶水做"轻"、把喝茶方式做"轻"、把茶具做"轻"……把茶消费也做"轻"。新中式茶馆所有这些做"轻"的努力，根本目的是让消费者的社交和休闲更加轻松、更加随意。"轻"不是简单、简陋。

第三空间是现代都市人的海量的刚性需求，新中式茶馆是重大商业机会。

2023年1月，中国茶业商学院推出了年度观察文章《喜忧新中式茶馆》，其原文作为附录三收录于本书，读者朋友们可以延伸阅读。

七、新式茶饮有待定型

新式茶饮是指以茶叶为原料，通过不同萃取方式现场制作茶汤，再加入各种新鲜牛奶、奶制品或新鲜水果、健康草本等辅料，现场调制并销售的茶饮料。

新式茶饮，从萌芽期到上升期再到稳定期，不到十年的时间。

中国连锁经营协会新茶饮委员会发布的《2021新茶饮研究报告》显示：2020年，新式茶饮的冲顶增速为26.1%，2021—2022年，新式茶饮的增速下降为19%左右；新式茶饮市场的发展正在经历阶段性放缓，预测未来2～3年，新式茶饮市场的增速将调整为10%～15%。

走过了一个周期，新式茶饮尚未定型，主要表现在以下四个方面。

（1）品牌差异化没有形成，甚至产品差异化也没有形成。在产品、品牌严重同质化的竞争中，新式茶饮企业抄产品、抢地段、拼价格的操作早已屡见不鲜。

（2）产品标准尚未出台，经典品类产品尚未定型。新茶饮只分为奶茶、果茶两大类，其经典的小品类产品并未定型，而现制咖啡早已经形成拿铁、摩卡、卡布奇诺、美式、意式浓缩、玛奇朵、澳白、康宝蓝等多个经典品类产品，并有了行业标准。

（3）盈利模式没有成型。直营连锁品牌的盈利依靠零售，但其运营管理能力没有跟上，因此盈利状况堪忧。而加盟连锁品牌的盈利依靠供应链，但品牌方与加盟店是一种松散关系，加盟店的产品和服务很难一直达到品牌方的要求。所以，加盟连锁品牌的品牌维护能力和持续盈利能力都存在重大隐患。

（4）门店效率与盈利水平难以突破。现场制作这一方式，限制了效率，限制了"出杯"的数量，也就限制了盈利水平。如果门店销售预包装茶产品，又要解决好预包装茶产品与现制茶饮的关系怎么协调的问题。

但是，新式茶饮的赛道上，创业者前赴后继，依然拥挤，各种品牌竞争激烈。

这条赛道上有"地派"和"天派"的汇合现象。（图10-2）

图10-2 "天派"和"地派"的双向会合

所谓新式茶饮的"地派"，指的是"粉末时代"和"街头时代"的茶饮店，他们向上晋级，进入新式茶饮领域。

所谓新式茶饮的"天派"，指的是传统茶馆，他们放下身段，自我更新，拥抱年轻人，进入新式茶饮赛道。

相对而言，"地派"晋级轻车熟路，而"天派"下沉则"水土不服"。

新式茶饮还有现制茶饮和预包装茶的"双向奔赴"现象。（图10-3）

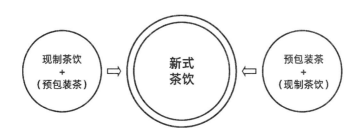

图10-3 "现制茶饮"和"预包装茶"的"双向奔赴"

"双向奔赴"说的是现制茶饮品牌纷纷推出预包装茶产品和茶周边产品，而预包装茶品牌在门店里增加现制茶饮。其实，这两个方向的"奔赴"都面临很大的困难，现制茶饮和预包装茶的产品属性不同、消费场景不同、消费逻辑不同、服务方式不同、供应链模式也不同。

值得注意的是，现代人特别是年轻人在用餐时，喝新式茶饮已经成为一种日常行为，于是餐饮店尤其是连锁餐饮品牌店纷纷在店内自营新式茶饮，既满足了顾客的需求，又提高了餐饮店的营收。

另外，传统茶企业面对新式茶饮也蠢蠢欲动，已经有传统茶企业以资本或是单独组建团队的方式，尝试进入新式茶饮赛道。

站在消费者的角度，新式茶饮需要解决两个基本问题。

（1）新式茶饮的产品健康性问题，其涉及新式茶饮的配料成分、品质控制和制作工艺等。

（2）新茶饮的现场卫生问题，其涉及门店的环境、设备、食材、制作等。

2021年12月，中国茶业商学院推出了年度观察文章《喜忧新茶饮》，其原文作为附录四收录于本书，读者朋友们可以延伸阅读。

◎ 本章杂谈

1. 茶馆不是喝"茶"的地方

茶馆的核心价值不是"茶"而是"馆"，茶馆的商业本质是经营空间和时间，而不是经营茶。

消费者来茶馆，不是为了找一杯茶喝，而是为了找一个地方坐一会儿。

所以，茶馆是"喝茶"的地方，而不是喝"茶"的地方。

在中国人的语境中，"喝茶"代表了商务、社交、休闲等生活方式。

而茶店的重心是经营茶，不少茶店会设置几间茶室，称之为"品茶室"。

茶馆或茶店，如果同时经营产品和经营空间，就会遇到了一个定价悖论。举个例子：茶产品定价是5元/4克，而泡成茶水后定价为20元。于是又设计了另一种收费方式：客人喝自己在店里买的茶，另收水费，或另收服务费，或另收茶位费，甚至还另收"时间费"，这种收费因店而异，甚至因客而异。这样的茶馆和茶店，只能是由老板亲自操作的单店生意。

2. 开茶馆是一种商业行为

不少人有一个梦想，就是开一家属于自己的咖啡店，或是开一家属于自己的茶馆，用来安放自己的爱好和情怀。

但开茶馆需要不小的投资，投资就要计算回报。

但开茶馆需要不小的投资，投资就要计算回报。

同时，经营和管理茶馆是持续性的工作，还需要系统性的能力，包括对装修的维护、设备的更新、产品的迭代、服务的优化，还要面对市场竞争，而且要接受市场监管。

因此，投资和经营一个茶馆，仅仅出于爱好是远远不够的，仅仅有情怀是支撑不了的。

爱他，就教他喝茶；

恨他，就叫他卖茶；

又爱又恨，就让他开茶馆。

第十一章

中国茶的明天在哪里

方向对了就不怕路远。

中国茶，从远古走来，在农业文明的背景中历经数千年的演化，正在接受工业文明的洗礼。神奇的是，中国茶依然保持着一片叶子的淳朴，这是这片叶子的幸运，也是这片叶子的荣耀。

工业化正在加速推进，信息化也在深入发展，这是不可阻挡、不可逆转的时代潮流。从种茶的农民、制茶的匠人，到卖茶的商人和致力于中国茶品牌化的企业家，都在经受"活在当下"的磨炼，更在面对"走向未来"的拷问：中国茶的明天在哪里？

无论我们是以茶为生，还是爱茶入骨，无论我们是以一片叶子实现人生价值，还是以一片叶子承载人生梦想，也无论我们多么优秀、多么努力、多么笃定，唯有顺应趋势、拥抱变化，中国茶才会走向明天，中国茶才会拥有未来。

顺应趋势、拥抱变化，其实是改变自己。

中国茶的改变，是一个宏大和系统的课题，我们可以在以下的框架下进行思考和展开。

1. 重构中国茶文化

所谓重构茶文化，就是对茶文化进行再认知、再加工、再创造。

重构茶文化，首先是对茶的价值观进行重构，包括茶产品的价值观重构、茶消费及喝茶行为的价值观重构、喝茶方式与喝茶场景的价值观重构、茶具的价值观重构等，其次是对茶的人为器物和人为饰物的重构，最后是对外显行为、习惯、规范和茶文学、茶艺术的重构。

重构茶文化的起点是对现有茶文化进行再认知和深度反思。

重构茶文化的过程是对茶文化进行再加工，实现对茶文化内容与茶文化形式的再创造。

重构茶文化的目的是让茶与时代俱进、与社会俱进、与科技俱进、与人俱进、与生活俱进。

2. 重构中国茶消费

重构茶消费，把茶从饮用的领域扩展到吃茶、用茶等更宽广的茶消费领域。

喝茶，包括喝原叶茶、拼配茶、调饮茶、瓶装茶饮料等。

吃茶，主要是指将茶叶或茶叶萃取物应用于食品、保健品和药品中。

用茶，主要是指将茶叶或茶叶的萃取物应用于卫生用品、护理用品和生活用品中。

重构茶文化和重构茶消费的核心，是尊重并满足各种圈层、各种场景的茶消费，破除鄙视链，在喝什么茶、以什么方式喝茶的消费选择和消费行为上走向多元化与多样性。

3. 重构中国茶产品

在重构茶文化、重构茶消费的基础上，回归茶叶的本质，洞察消费新需求，利用新科学、新技术和新设备，发挥茶叶的综合价值，开发可饮用、可食用、可使用的多元化和多样化茶产品，满足和拓展现在消费者的茶需求。

对于原叶茶，在生产工艺分类法的基础上，针对消费者及消费场景的各种需求，创造新品类，打破茶树品种界限、茶产区界限、茶季节界限、茶外形界限、茶工艺界限，重构原叶茶产品。

4. 重构中国茶产业

重构中国茶产业，在宏观上是整合和重构茶产业的组织形式和管理方式、投资结构和运行模式、人才结构和技术应用等；在中观上是整合和重构茶产业链的内部结构、协作方式和经营方式等；在微观上是整合、改造和升级茶产业链的各个环节，包括茶树品种结构、茶园模式、种植方式、加工方式、品牌模型、产品定位与产品体验、流通方式等。

重构，首先是对千百年的传统进行再认知和深度反思；其次是摒弃传统中落后的、过时的，甚至原本就不合理的部分，保留传统中的优秀精髓，抓住茶叶的本质，尊重产业规律，顺应行业趋势，在新的条件下对茶叶进行再加工、再组合；最后是为了茶产业高质量、高效率、可持续发展而进行再创造。

重构，既有破坏性，更有创造性，注定是一个过程，不可能一蹴而就，也不可能以一己之力、一企之力完成。此外，不同茶类、不同茶区的重构路径也不同。

2021年年底和2022年年底，中国茶业商学院微信公众号"茶业商学"推出了两篇同一标题的年度观察文章《中国茶业六大关键词》，其原文作为附录五和附录六收录于本书，读者朋友们可以延伸阅读。

◎ 本章杂谈

未来走来的时候不会先敲门

中国茶业已经走在从农业文明到工业文明的路上，其传承与创新都在进行中。

中国茶的创新大致分为两大赛道：一是基于以传统方式喝传统茶的有限创新赛道，二是探索以新的方式喝新的茶以及吃茶、用茶的全面创新赛道。

所谓的有限创新，在消费端呈现出来的是小创新、微创新，而在生产端和商业端呈现出来的却是深刻的创新，不是修修补补的改变，而是文化、思维、模式、技术等方面的深刻变革。

所谓的全面创新，是指消费端、商业端和生产端的全面创新，开创新赛道。不少人用传统中国茶的眼光，认为新赛道不属于中国茶，我不认同这种看法。

商业是一种力量，所到之处无不摧枯拉朽。

中国茶的未来正在悄然而至，让我们一起期待。

读书笔记

READING NOTES

写在后面：感谢茶路上的贵人

我原本与茶无缘，后来却与茶相伴。

我出生并成长在湖北省汉川市（原汉川县）。我的家乡不产茶，在我小的时候，周围也没有人喝茶。我们把开水瓶称为"茶瓶"，家里来客人了，倒半碗白开水，就是给客人"倒茶"了。

而后，我在华中工学院（现在的华中科技大学）读书，虽然身处武汉这座大城市，但在那时候也很少见人喝茶。

大学毕业，我被分配到河南省信阳市工作。信阳是千年茶区，我与茶的缘分就是从这里开始的。

信阳人的喝茶风气浓重，因此我也跟着喝了起来。信阳毛尖的秀美外形与醇厚口味，培养了我的茶瘾。

2000年，我开始思考："信阳毛尖"可不可以做成一门大生意，能不能成为信阳市的大产业呢？2001年，我在调研一番后，决定"下场踢球"试试，于是投资、经营了一家小茶企，不错的收益给了我鼓励。

2007年，当时规模最大的销售信阳毛尖的企业是信阳五云茶叶集团，公司的大股东代表戴兵先生和创始人阚贵元先生分别邀请我加入集团公司。两个月后，我就任集团公司分管营销的副总经理。当我提出"五云茶叶集团品牌化战略"方案时，遭到了公司老前辈的强烈反对，并被批评为"不懂茶"。次年，集团股权变更，在新任董事长陈世强先生的支持下，"五云茶叶集团品牌化战略"方案被重新拿出来讨论。然后，集团公司决定由我领导"五云茶叶集团品牌化战略"的实施。

为了更好地实施这个战略，我请来了品牌"外脑"——上海金汇通的刘锋先生（现任卓朴集团总经理、金汇通总经理）和管理"外脑"——北京华夏基石的李小勇先生（现为北大纵横合伙人）。

2009年春茶季，实施品牌化战略后的信阳五云茶叶集团以全新的品牌策略、全新的产品线、全新的营销战法出击市场，在投入极其有限的条件下，实现了当年销售额的翻番。

实施公司品牌化战略，让我对中国茶产业有了一些思考。工作之余，我尝试着撰写茶产业的观察与评论。我的第一篇文章得到了中国茶叶流通协会会长王庆先生的鼓励和支持。之后，《中华合作时报·茶周刊》的主编安明霞女士在刊物上给我开了一个专栏。再之后，我被更多媒体邀请撰写行业相关专栏、专访。

2010年，我调任建设中的"信阳国际茶城"运营总经理以后，开始写博客。一年后的一天，时任中国茶叶流通协会秘书长的吴锡端先生建议我写微博，于是，我便在微博上发表观点和看法。

之后，博客、微博、专栏成为我表达对茶产业观察和思考的自媒体，直到今天。

可以说，从茶企视角转换到产业视角的过程中，一直有人推动我。

2012年，我结识了时任民生银行茶业金融中心总经理的张海鸥先生。几次深入交流之后，他跟我说："你从企业出来吧，为茶行业做点事。"

2013年，在《销售与市场》杂志社的两位主编孙曙光先生和苏丹女士，以及投资人张延安董事长的支持下，我辞去信阳国际茶城运营公司总经理，主理《销售与市场》杂志社旗下的中国茶企领袖俱乐部，正式成为茶行业的一个专职观察者、思考者和探索者。同时，中国茶企领袖俱乐部创办了"茶企领袖圆桌会议"。

我与刘仲华教授的缘分也是在这时开始的，虽然我和刘教授早已相识，多次见面。

2012年年底，我专程到长沙拜访刘仲华教授，和他私聊近三个小时，深度讨论了中国茶产业与茶商业的诸多话题。刘教授不仅是一位具有崇高使命感的学者，更是一位具有产业思维、商业思想和人文情怀的茶科学家。

这次的拜访和与刘教授的深入交流，改变了我的人生轨迹。

2014年的夏天，出差长沙期间，我偶遇湖南农业大学的萧力争教授（现任中国茶叶学会副理事长、湖南茶叶学会理事长）。在交流中，萧教授提出创办一个"茶业商学院"的构想，我当即提出请刘仲华教授主持这个项目的想法。次日，怀揣着与萧教授的共识和诚意，我拜访了刘仲华教授。刘教授高度认同这个构想，并欣然接受了萧教授和我的邀请。

"中国茶的科技是世界一流的，中国茶的文化也很繁荣，但中国茶的商业显得相对滞后了。"这是刘仲华教授、萧力争教授和我的高度共识。

在刘仲华教授的邀请下，张士康（时任中华全国供销合作总社杭州茶叶研究院院长）、王岳飞（教授、博导，时任浙江大学农林学院副院长）、张正竹（教授、博导，时任安徽农业大学茶与食品科技学院院长）、姜爱芹（中国农业科学院茶叶研究所研究员、"龙冠茶业"总经理）、吴志斌（时任香港长嘉集团董事局主席），加上萧教授和我，成为茶业商学院的联合发起人，开始了紧张的筹备工作。

2015年7月26日，由刘仲华教授出任创院院长，我担任执行副院长的中国茶业商学院在长沙宣告成立。

至此，中国茶业商学院由一个构想走向了现实。

到今天，围绕茶产业研究、茶业商学、茶行业服务，中国茶业商学院为茶企业成长、茶产业升级和进步的使命不懈努力着。

二十多年的时间里，我先在茶企业工作，后来参与组建并主理中国茶企领袖俱乐部，再后来参与组建中国茶业商学院并负责日常执行工作，都是以茶企业为对象、以茶企业家为老师。我的时间、精力主要聚焦在茶企、茶商和茶农身上，他们的情怀和使命让我感动，他们的勤奋和辛劳给我力量，他们探索和成败给我启发。

我致敬中国茶的从业者，他们在真金白银地投资，在真心实意地做事，在真枪实弹地奋斗。

特别感谢"小罐茶"（北京小罐茶业有限公司）的思考与实践！

特别感谢四川省峨眉山竹叶青茶业有限公司、福建品品香茶业有限公司、安徽省六安瓜片茶业股份有限公司、上海茗约文化传播股份有限公司、广东八方茶园茶业有限公司、谢裕大茶叶股份有限公司、湖南省千秋界茶业股份有限公司、苍梧县六堡镇黑石山茶厂、日照圣谷山茶场有限公司、安吉龙王山茶叶开发有限公司、安徽国润茶业有限公司、广东英九庄园绿色产业发展有限公司、黄山赏友花业有限公司、广州茶途网络科技有限公司、贵州省绿茶品牌发展促进会等品牌和企业贡献了研究案例。

有一种使命让我们相约同行。

让中国茶从古老的农业文明走向现代的工业文明，是中国茶从业者的共同使命，中国茶从业者都在路上。

我进入茶行业已二十多年。一路走来，挣扎、痛苦、迷茫、努力、坚持、期待，诸多贵人一路相助，让荆棘也开出花朵。

青山不老，绿水长存。

衷心感谢你们，我的良师益友！

衷心感谢你们，我茶路上的贵人！

2024年3月19日

预见中国茶
A FORESIGHT TO CHINA TEA

附 录

附录一
生活茶，新风向

（2022年6月29日发表于公众号"茶业商学"）

构架：欧阳道坤

执笔：田友龙

编审：杨京京

修订：欧阳道坤

6月20日晚间，在小罐茶的十周年直播中，创始人杜国楹先生发布了生活茶品牌"茶几味"，并预告产品将在7月20日全面上市。"茶几味"的产品囊括了中国十大名茶，分为两个价格：249元/斤、750元/斤。（2023年8月31日，小罐茶发布国民生活茶品牌"小罐茶园"）

6月21日，竹叶青公司在其公众号上发布了生活茶品牌"品味系列"，其产品包含竹叶青、飘雪、红茶坊三个茶类，价格为690元/斤。

早在4月上旬，贵州茶业的头部企业金沙贡茶公司就悄然发布了生活茶品牌"金兰春"。首批产品包含了绿茶、红茶、白茶、茉莉花茶四个茶类，分为四个价格，其中还有一系列原叶袋泡茶，可谓阵容庞大！

中国茶界两大领军企业小罐茶、竹叶青和隐形茶企贵州金沙贡茶公司，不约而同地举起了生活茶的大旗。

【说明】小罐茶公司启用了"小罐茶园"作为生活茶品牌，同时弃用"茶几味"品牌。

这是一个巧合还是相同的战略选择？

生活茶是商业机遇还是商业陷阱？

中国茶业商学院认为：这可能意味着中国茶到了一个重要的节点，一个新的产业风向即将开启。

中国茶业商学院一直以洞察产业、预见趋势为己任，试图给茶业从业者更多启发，希望让从业者少走弯路。我们不轻易表扬茶企业，本意是让茶企业更加清醒地认识自我，能够从普通走向优秀、从优秀走向卓越。为什么这一次，我们将三家茶企业的市场行为拔高到产业节点的高度呢？

一、中国茶，从名优茶起步

中国茶品牌之路的起点是名优茶。

改革开放以来，我国的经济飞速发展，与此同时，人们需要一件商品承载情感、表达礼仪。这件商品必须具有以下特征：有区域特色，有文化底蕴，必须是小产品且有较高价值，可以满足大众需要，对身体有益。中国名优茶刚好具有以上特征，因此在营销思想的加持下，中国名优茶就变成了有文化、高价值、有品位的礼品茶，出现在了市场上。

二、中国茶的新风向

之前，我们推出《中国茶业六大关键词》一文，分析了中国茶业发展的新动向、新方向。

那么，三家茶企推出生活茶，是不得已而为之的应景之作，还是预判未来之后的战略布局呢？

从产业结构上讲，中国茶尤其是传统名优茶，从品牌化之初，走的就是高端的礼品茶路线，但高端意味着小众、小容量，其竞争的焦点又是存量市场，因此高端茶已无太大的增长空间。

从消费结构上讲，引领中国茶走向高端的主力是"50后""60后"。但现在，"50后""60后"基本退出了高端茶的消费市场，"70后""80后""90后"成为消费主力，但他们对高端茶甚至对传统茶远没有"50后"和"60后"那样热衷。

现如今，大众对茶的需求是日饮、自饮、健康饮、放心饮，是简单选择、简单易泡，是天天喝也喝得起……茶，已经成为许多人日常生活的一部分。

在这个节点上，茶企需要洞察新需求、制定新战略，简化产品结构，做规模化、标准化的单品。我们认为，生活茶的新风向已经开启。

三、生活茶，是机遇也是挑战

1. 挑战之一：生活茶的盈利模式

生活茶的单品价格低，走的是低毛利路线，因此如果规模不够大，茶企业就不可能盈利。

2. 挑战之二：生活茶的供应链

做高端茶的茶企业大都采取全价值链管控模式，从茶园到茶杯，全程直营直控，一为个性，二为故事，三为品控。生活茶，走的是规模化、标准化路线，讲求品质恒定、口感稳定，注重成本控制，这就要求茶企业必须整合供应链。中国茶产业的供应链太长，发展又极不均衡，有些环节还比较落后，并且有相当多的环节是封闭的，因此茶企业若要整合供应链，难度会很大。

令我们欣喜的是，小罐茶、竹叶青、金沙贡茶三家茶企都有着超过10年的供应链积累。

3. 挑战之三：生活茶的渠道

生活茶与高端茶的渠道是不同的。高端茶注重体验，品牌专卖店和品类专营店是中国高端茶的主力渠道；生活茶讲究亲民、便捷，其渠道必须要广泛，包括专卖店、专营店、传统茶城、大型超市、小型便利店，以及各种数字渠道等。泛渠道的建设之难、管理之难、费用之大、周期之长等远超传统茶企的想象。

4. 挑战之四：生活茶的团队

生活茶需要泛渠道支撑，建设泛渠道需要庞大的营销团队。泛渠道建设的大多数工作是简单重复的工作，很容易让人失去激情，这导致营销团队很容易变形。因此，对于如何管理、如何激活庞大的营销团队，茶企业要深入思考。

5. 挑战之五：生活茶的整合营销

生活茶其实一直都存在，在过去基本是指无品牌的散茶。品牌化的生活茶有一道坎，就是让消费者从喝散茶改为喝品牌茶。从其他行业的经验来看，改变消费者的认知，最有效的办法是整合营销推广。

系统化、专业化地整合营销推广，对中国的茶企业来说是一大挑战。

结语：生活茶是中国茶的回归。

生活茶，是风向，是机会，也是挑战。

我们相信小罐茶，相信竹叶青，也相信金沙贡茶公司。

我们希望有更多的茶企进入这个赛道，集行业之力，把生活茶做大做强，以中国茶的回归，开创中国茶的未来。

附录二
创新不是抖机灵

我们都在关注创新、讨论创新、践行创新。但是，企业创新不是抖机灵，不是玩噱头，不是耍小聪明，不是为了创新而创新，不是为了标新立异而创新。

企业创新是一种伟大的商业实践。

1985年，彼得·德鲁克出版了经典著作《创新与企业家精神》，本书的中文版出版于2009年。他在书中阐述了以下几个核心观点。

创新是有目的性的

创新的目的是**为用户创造出新的价值**
创新是为了满足用户未被满足的需求
创新**可以创造新的价格**
创新可以让**用户支出较少或为企业创造新的财富**

企业的所有创新都必须是为用户创造新的价值。

创新是一门科学

创新是可以学习和训练的
创新不神秘，不需要天才，不需要灵光乍现
创新是**有规律可循的务实工作**

我们不要把创新说得很神秘。创新是一门科学，创新有一套方法论。

创新是企业家的基本精神

不惧怕变化，不对外部和内部变化产生反感

把变化当做正常、健康的事情，张开双臂迎接变化
创新是敢于放弃，而不是坚持错误

事实上，企业创新是一种常态化的工作，没有什么一劳永逸。所有经营较好的企业，都早已经把创新变成了一种自觉的行为。

我们应该关注变化、感知变化、面对变化、拥抱变化。我们永远不知道明天会发生什么。如果对变化视而不见或无动于衷，甚至反感或抵触变化，那么就免不了被时代所抛弃。

企业家

企业家是那些愿意**过不舒服日子或者不愿意过舒服日子的人**

选择了做企业家，就意味着选择了一种生活方式，选择了一种人生。

一个人、一个企业，要想成就"正业"，就必须以正心行正道，而不是投机取巧。

正心

不忘初心，初心不一定是正心
企业家的正心是**为用户创造价值、为社会创造财富**

有些人是以正心出发的，但在路上却变心了；有些人的初心并非正心，但通过一路上的修炼逐步矫正了自己的初心，找到了正心。

正道	敬畏法律　遵守规则　尊重规律 崇尚道德　彰显善良　恪守诚信

正道才是坦途。

以正心走在正道上，就会凝聚越来越多的同道者，就会集聚越来越多的资源和能量。

正业	持续创造价值　持续创造财富　**受人尊重　回报社会**

不是正心，不行正道，就不可能成就正业。以正心行正道，剩下的，我们就不必太在意了。

所有问题，归根到底都是**人的问题**
只有人，才会创造一切

在企业的所有的要素中，"人"是第一位和最为重要的。

人的问题，归根到底是**思想的问题**
传统行业需要**新思想，更需要具有新思想的人**

不换思想就换人，其实就意味着淘汰。

不换思想，就会淘汰人；

不换思想也不换人，就会淘汰企业，甚至淘汰一个组织。

我们坚信**传统的中国茶业，一定会在现代商业中重生**

茶叶会永存，喝茶的人也会永存。

附录三
喜忧新中式茶馆

（2023年1月20日发表于公众号"茶业商学"）

构架：欧阳道坤

执笔：田友龙

编审：杨京京

修订：欧阳道坤

2022年，多个新茶饮头部品牌纷纷试水新中式茶馆这一商业模式。

传统的中式茶馆在本质上是人们进行休闲和社交的场所。但在我国现代化的进程中，传统茶馆的盈利能力下降，生存状况堪忧。

城市中的传统茶馆，基本沿袭着传统的文化、传统的风格，采用传统的茶、传统的服务、传统的经营模式与收费方式等。因为成本原因，许多传统茶馆都放弃了繁华商业区等人流量大、物业费高的地理位置。

所以，传统茶馆基本是单店、小店，规范化经营的不多，品牌化的少之又少，几乎没有跨区域的品牌化连锁茶馆。

当前，人们的生活方式正在发生变化，人们对"第三空间"的需求已经是一种刚性需求，但中国传统茶馆没能跟上这个重大变化，无法满足这个刚性需求。

随着国潮风的兴起，对传统茶馆进行创新的商业实践被创业者和投资者看中，新中式茶馆悄然出现，并在资本的助推下成长起来。

总体来看，传统茶馆的文化风格、空间体验、品饮方式、服务、收费等都太"重"了，不能吸引新一代的消费者。

新中式茶馆之"新"，是在中国茶文化的基础上进行大胆创新，力求在各个方面去"重"求"轻"，拥抱新一代的消费者。

一、新中式茶馆的"新"所在

1. 新的文化体验

消费者在茶馆中的文化体验会受到装修、装饰、背景音乐、家具、茶具、茶产品及其冲泡方式和品饮方式、服务员风格及其服务内容和服务方式等的影响。

新中式茶馆在文化体验的许多方面，都定位于现代风格，追求自然、极简、轻服务等。对比传统茶馆，新中式茶馆给人耳目一新的文化体验，受到新一代消费者的喜爱。

2. 新的空间体验

新中式茶馆的首要任务是打造有着新体验的"第三空间"。

消费者对茶馆的本质需求是社交与休闲，所以空间体验是第一需求。

新中式茶馆在空间布局与风格、色彩设计、装修、家具设计与摆放等各个方面，都是在迎合消费者的需求。同时，新中式茶馆在消费者体验与商业效率之间进行了有效平衡。

也有一些新中式茶馆明确定位在轻奢档次，在空间体验上进行了分区尝试，划分出了一人一席区、社交功能区、家庭共享区、共享办公区等多种空间，让消费者更有场景感。

在选址上，新中式茶馆多开在综合体、商圈、金融中心等人流量大的区域。

3. 新的喝茶体验

新中式茶馆强化了社交和休闲属性，凸显"第三空间"，在喝茶这件事上进行了简化。

首先是在茶品类及茶知识上做了简化，让消费者在消费时容易作出选择。

其次是由茶馆的专业泡茶师负责泡茶，让消费者不在泡茶操作上花心思、花时间。

再次是在喝茶上做了简化，泡茶师交给消费者的是一杯茶汤，或是一个装茶汤的公道大杯配一个喝茶的小杯，让消费者专心喝茶。

最后是对服务做了减法。消费者自取茶汤，不续茶、不续水，喝完了茶汤，消费就算结束了。

4. 新的消费体验

传统茶馆的经营一直存在几个难题，包括经营视角的难题和消费视角的难题，而新中式茶馆则在尝试着逐一破解这些难题。

第一是经营效率难题。传统茶馆的空间利用率很低：一是用了较大空间营造传统文化氛围；二是设置了较多包间，非营业空间占比过大。传统茶馆的时间利用率也很低，消费者只需要一杯茶便可以坐很久。

新中式茶馆在空间布局和消费方式上进行了大胆创新和改变，大幅提升了经营效率。

第二是定价和计价难题。一方面，传统茶馆在定价上的价格区间太广，导致普通消费者不知道如何选择。另一方面，传统茶馆在计价方式上不统一，同一家茶馆，其商品有按杯收费的，有按壶收费的，还有按人数收费的，消费者在包间喝茶可能还要计时收费。

新中式茶馆缩小了价格区间，并且统一按杯收费。

第三是续水难题。消费者在传统茶馆喝茶可以多次续水，茶馆需要提供开水和相关服务，这降低了茶馆的经营效率。传统茶馆的应对方法是提高最低消费价格，但这又对短时间逗留的消费者不公平。

而新中式茶馆只提供茶汤，不续茶、不续水，如果消费者需要长时间逗留，可以再点一杯茶。

第四是服务难题。传统茶馆的泡茶方式，很难保证茶汤的标准化和稳定性。台位上有繁杂的茶具，既不便于收拾台位，也不便于清洗茶具。

新中式茶馆采用中央吧台标准化泡茶法，保证了茶汤的标准化和稳定性。

5. 新的消费人群

新中式茶馆对文化体验、空间体验、喝茶体验和消费体验等方面进行了创新、简化，吸引了新一代消费者。可以说，新中式茶馆是中国茶馆面向未来、走向未来而进行的"温柔的试探"。

二、新中式茶馆的新挑战

新中式茶馆针对人们对"第三空间"的刚性需求，立足年轻消费群体，在文化体验、空间体验、喝茶体验、消费体验等多个方面进行了创新。

但数家新中式茶馆在进入商业运营以后，都遇到了诸多困难甚至是挑战。

新中式茶馆之"新"，是在中国茶的基础上进行大胆创新，力求在各个方面去"重"向"轻"，但在商业实践中，还是太"重"了。

1. 消费体验"重"

新中式茶馆为了带给消费者更好的文化体验、空间体验和喝茶体验，在布局、设计、装饰、装修、家具、设备、茶具、用品等多方面精益求精，有时反而让消费者觉得拘束。

2. 初期投入"重"

新中式茶馆在设计、装饰、设备、茶具、用品等方面精益求精，因此前期投入很大。

3. 运营成本"重"

新中式茶馆大都选址在人流量大的区域，因此运营成本较高。

4. "打卡"比例"重"

新中式茶馆一经亮相，许多年轻人便蜂拥而至，显得生意火爆。但消费者中来"打卡"的人较多，进行反复消费的人并不多。

5. 盈利任务"重"

由于前期投入"重"、运营成本"重"，因此如果商品定价过低，茶馆就难以盈利。

而如果商品定价过高，消费者的回头率会降低，从而导致茶馆更难盈利。

附录四
喜忧新茶饮

（2021年12月17日发表于公众号"茶业商学"）

构架：欧阳道坤

执笔：田友龙

编审：杨京京

修订：欧阳道坤

我们深度关注新茶饮，是基于两点：新茶饮都以原叶茶汤为基底，所以新茶饮是原叶原料茶的重要出口；新茶饮在本质上是调饮茶，所以新茶饮是消费者喝茶的重要入口。

中国茶饮行业在经历了"粉末时代"和"街头时代"后，迎来了"新茶饮时代"。新茶饮是基于年轻人的饮品喜好，通过茶与食材的搭配，提升饮品的风味，进行产品开发与供应链食材的开发而形成的，主要以年轻人为消费群体的一个茶饮新品类。其创新体现在以下五个方面。一是新食材：除新鲜的牛奶、水果、芝士外，新茶饮还可能包含五谷、坚果、木薯、糯米等食材，营养丰富。二是新口味：新茶饮有着甜、涩、酸、苦以及各种丰富的口味。三是新技术：在产品的制作过程中，新茶饮企业普遍重视对数字化和新技术的应用。四是新群体：年轻人是新茶饮的主力消费群体。五是新文化传播：新茶饮企业通过产品、产品包装、店内环境、营销方法等展现品牌价值。随着我国居民消费的升级，新茶饮深受消费者喜爱，行业发展迅速，行业竞争加剧。本文从中国新茶饮的行业概况和发展前景入手，分析了中国新茶饮行业存在的问题，消费趋势，并提出了相应的建议，供从业者参考。

一、中国新茶饮发展现状

1. 增长迅速

据中国连锁经营协会《2021新茶饮研究报告》显示，2017—2020年，我国新茶饮市场收入的规模从422亿元增长至831亿元，预计在2023年，新茶饮市场的收入规模有望达到1428亿元。2020年底，饮品店的门店数量约为59.6万家，其中新茶饮门店约为37.8万家，占比达65.5%；预计在2023年，新茶饮门店可达到50万家。

2. 品牌亮眼

"喜茶"在2020年新开了304家门店，在2021年上半年，又新开了100多家门店；"蜜雪冰城"早在2020年6月就官宣成为"首家门店破万的茶饮品牌"，仅仅一年后，"蜜雪冰城"的门店就突破了2万家，扩张速度之快令人瞠目结舌。

3. 深受年轻人喜爱

新茶饮打开了传统茶难以打开的年轻人的市场，而且其认可度高、复购率相当惊艳。据统计，"90后"与"00后"每月在茶饮上的支出在400元以上的占比达到27%，200~400元的占比31%，他们占整体消费者数量的70%左右。超过八成的消费者每周至少购买1次新茶饮。

4. 资本助推

仅2021年年初至今，新茶饮赛道的企业群已经进行了十几轮融资，吸引了高瓴资本、梅花创投、腾讯、字节跳动等众多机构。据中国连锁经营协会发布的《2021新茶饮研究报告》《2020新式茶饮白皮书》数据显示：头部新茶饮品牌"喜茶"7月份拿到5亿美元D轮融资，刷新了中国新茶饮的融资估值纪录，其估值已奔向600亿。

【注：以上数据来自中国连锁经营协会发布的《2021新茶饮研究报告》《2020新式茶饮白皮书》等资料】

二、中国新茶饮存在的问题

新茶饮在形势一片大好的背后，也逐渐显露出自身存在的问题：原料与食品安全及门店卫生问题等时有发生，品牌连锁企业盈利能力不足，企业营收增长乏力，总关店数量居高不下，更有人将新茶饮列为高风险创业行业。2016年算得上是"中国新茶饮元年"，因此无论从行业还是从企业的角度看，新茶饮正处于"青春期"，也就有着关于成长的困惑和烦恼。

中国茶业商学院的团队与多个新茶饮创业者深度交流，以消费者身份多次深度体验，对媒体报道和专家解读深度关注。本文试图以行业观察的视角和商业的理性，深度解析新茶饮成长的苦痛欢乐，以期给从业者一点建议、给创业者一点启迪，助力新茶饮更健康、可持续地成长。

1.新鲜之难

新茶饮为消费者带来了全新的茶饮体验——便捷、时尚、健康、新鲜。为了让这种体验感发挥到极致，新茶饮从"茶+奶"模式发展到"茶+奶+水果+文化"的模式，一直提倡现场制作，从而给消费者提供新鲜感与仪式感。

新鲜暗示着健康，仪式显示出高级。

鲜茶（现泡）、鲜果（现切）、鲜原材料，以及透明化和可视化操作，让新鲜感可视、可得，这是新茶饮对年轻人的核心吸引力。硬币都有两面，现场制作这个核心价值点也一样。现场制作的另一面是标准化难度大、生产成本高、出品效率低，导致工艺易变形、品质易波动，这给管理特别是连锁品牌的远程管理带来了极大的困难，品牌快速扩张的风险也会被放大。现场制作还需要更大的店面空间和更多的现场员工，而新茶饮门店大多开在城市的优质商圈，店面的运营成本可想而知。原叶茶的标准化本来就不高，"现泡"的标准化更难把控。鲜果在采购、仓储和物流环节的标准化及保鲜难度也很大。

因此，这个"鲜"及其标准化不仅流程长、节点多、成本高、缺标准，而且要求企业的技术、设备、资金、管理等都要跟上。事实上，头部品牌都在花重金、采取有力措施来抓供应链与门店的管理体系建设，可见其重要性，更可见其难度之大。

如果走工业化之路以保证产品标准化，提高效率，降低成本和管理难度，可能出现的后果是：整个新茶饮行业失去市场吸引力和发展生命力。

对新鲜、标准、成本、效率，如何进行取舍、妥协、平衡，已经是新茶饮企业必须解决的行业难题。

2. 创新之险

新茶饮的标签是时尚，而时尚是有周期的，所以新茶饮品牌要在竞争中胜出，就不得不一直"搞"新花样、新动作。据不完全统计，喜茶在2020年平均每1~2周就推出一款新品；2021年6月至8月，"喜茶""奈雪的茶""茶百道"等15家新茶饮品牌月均上新数量总计在90款以上；这里面不仅有茶饮，还有衍生的周边文创商品，如"乐茶君的手机壳""草莓控表情贴"等。在这些品牌中，最会创新的当属"奈雪的茶"。2020年，"奈雪的茶"在不同品类中推新百余次，并于近年开创了许多新赛道：2018年，"奈雪的茶"开出了第一家"礼物店"；2019年2月，开出了第一家"奈雪酒屋（Bla Bla Bar）"；2019年11月，开出了首家"奈雪梦工厂"；2020年，又开出了"奈雪的茶PRO"……

创新是一把双刃剑：一方面，创新能满足消费者多变的需求，制造新的热点，保持品牌"新鲜度"；另一方面，创新费时、费钱，需要消耗很多的人力与资金，而且创新成功是一个概率性事件。此外，一直推出新产品，会让消费者眼花缭乱，形成选择困难，从而使品牌形象变得模糊。每一款新产品都要营销推广，但门店的货架空间是有限的，销售能力也是有限的，不是每一款新产品都能在门店获得好的销售机会。更为重要的是，如果消费者习惯了"尝鲜",那么品牌一旦创新不力,减少新产品的推出,品牌的"新鲜度"就会降低,消费者就可能流失。创新很重要,但在创新与经典之间找到平衡更重要。新茶饮要两手抓:一手抓经典产品,形成记忆符号;一手抓创新,争取把创新产品打造成新的爆品。

3. 模式之弊

新茶饮品牌的门店数量爆炸式增长,市场规模屡创增长奇迹,加盟模式当记一功。市场上的新茶饮品牌,如"喜茶"、"奈雪的茶"和"茶颜悦色"这样坚定不移走直营路线的不多,加盟模式是主流。加盟模式整合了品牌、经营管理、营销推广等优势和加盟商的资金、熟悉区域市场的优势于一体,很容易扩大市场规模。比如,"蜜雪冰城"在2007年走向对外加盟的发展道路后,其门店数量已经突破两万家。要知道,深耕中国二十多年的星巴克,也只在国内开出五千多家门店。

新茶饮的市场规模即将突破一千亿大关,市场竞争也必将从以增量竞争为主转为以存量竞争为主,品牌方与加盟商的博弈也就会凸显出来。因此,必须重塑品牌方与加盟商的关系,优化传统的合作模式。

4. 增长之累

新茶饮突飞猛进,其中有一个重要的推手——资本。事实上,几乎每一个头部品牌都有资本的助力。以新茶饮头部品牌喜茶为例,2016年8月,IDG资本及天使投资人何伯权联合投资一亿元,这是喜茶自创立以来拿到的第一笔外来投资;2018年4月,喜茶获得美团旗下龙珠资本的B轮融资,具体融资金额为4亿元;2020年3月,喜茶再度获得了新一轮战略融资,由高瓴资本和Coatue Management(寇图资本)联合领投,具体金额未披露,此次C轮融资完成后,喜茶估值超过160亿元;2021年7月,喜茶拿到5亿美元D轮融资,刷新了中国新茶饮的融资估值纪录,其估值已奔向600亿。资本可以促进一个产业的发展,更可以促进一家企业的发展。但资本是逐利的,其盈利逻辑是让投资的企业更值钱，所以对投资企业的规模与增长速度十分看重。新茶饮品牌市场规模的增长，除了与品牌自身的战略扩张与市场布局有关，还与资本所施加的压力有关。新茶饮企业需要平衡快与慢的关系，在与资本打交道时，战略上慢不得，战术上急不得，要坚持为消费者创造价值的本分，才能与资本良性共舞。至于新茶饮品牌的增长方式与路径，则是另一个问题了。

5. 内卷之苦

新茶饮是市场的香饽饽，品牌众多，其中有"喜茶""奈雪的茶""COCO""蜜雪冰城""古茗"等新茶饮品牌，还有"大益"这样诸多的传统茶企业品牌。

新茶饮品牌的门店数已经超过30万家，预计在2023年的门店数可达50万家。问题是新茶饮的头部已被"喜茶""奈雪的茶"两大品牌占据，"COCO""蜜雪冰城""古茗"等拿下新一轮融资后正在全力冲刺，格局已显雏形。

新茶饮已不是蓝海市场。竞争环境变了，思维和方法都得变。想加入的后来者，必须慎重思考一下自己有没有创新的商业模式，有没有创新的产品，有没有打消耗战的资源，否则不要轻易进入这个市场。进入这个市场的企业，就必须追求成为胜者，即集顾客价值创造、持续产品创新、持续爆品打造、品牌文化塑造、社交空间打造于一体，提高核心竞争力。

6. 品牌之困

企业之争最终是品牌之争，品牌之争最终是文化之争。

新茶饮品牌众多，但具有明确文化主张和鲜明文化个性的品牌少之又少，形成了文化内涵差异化的品牌更少，这才是新茶饮保持健康发展的底层隐忧。产品的功能与口味、产品的名称与设计、空间的功能与风格、明确的价值主张等都是品牌的一部分。

新茶饮品牌要从产品经营层面升级到品牌经营层面，才可能成功建设具有明确文化主张、鲜明文化个性和丰厚文化内涵的品牌。从品牌文化层面来看，各个新茶饮品牌的差距并不大。

三、中国新茶饮发展趋势与建议

1. "产品体验与空间感受"的品牌文化主张

在技术水平化、产品趋同化的时代，企业的胜出最终是品牌的胜出。新茶饮品牌要依靠鲜明的品牌文化主张吸引消费者，而品牌文化主张要基于消费者的产品体验和空间感受。

2. "现制效率与新鲜可见"的商业平衡

商业的本质是为消费者创造价值，同时为投资者、参与者创造收益。不能为消费者创造价值的商业就不是商业，不能为投资者、参与者创造收益的商业也不是商业。新茶饮企业的成功，一定是在"现场制作"的效率与"新鲜可见"的产品之间找到了合理的商业平衡。

3. "食品安全与美味、高颜值"的底线坚守

新茶饮都在美味、高颜值的路上狂奔，但食品安全已经是现代消费者的刚性底线，新茶饮企业要对食品安全保持绝对的敬畏之心，不能有丝毫的动摇、妥协和侥幸，特别是在移动互联网时代，任何品牌都可能在食品安全的小事故上瞬间倒下。

4. "沉淀经典与创造时尚"的主次互动

新茶饮的主力消费人群是20岁左右的年轻人，所以企业会投入很多的人力、财力去创造时尚或迎合时尚。事实上，一个成功的时尚产品、一项成功的时尚服务、一个成功的时尚空间，都可能瞬间引爆市场，给企业带来爆炸性的营收和传播。但是新茶饮企业不要忘了沉淀自己的经典产品，经典产品才会让消费者记忆在心、回味在心，经典产品才是品牌最重要的载体。

5. "茶饮、固体茶与茶周边"的核心业务设定

现制茶饮显然有出杯数量的天花板，所以新茶饮企业都推出了自己的固体茶产品和茶周边产品，但哪个产品业务是企业的核心业务呢？已经有企业把固体茶作为自己的核心业务，而把新茶饮作为引流产品。

6. "加盟与直营"的连锁模式选择

新茶饮的终端是具有餐饮属性的实体店面，终端连锁是品牌化的要求。直营是强连锁，加盟是弱连锁，强与弱体现在对产品和服务的掌控上。企业对连锁模式的选择，既是对品牌之路的选择，也是对盈利模式的选择。对于以现场制作为卖点的新茶饮，直营连锁模式当然是更好的选择，但其对企业的投资能力和管理能力都有更高的要求。

7. "规模与价值"的优先级路径规划

所有的现代企业都有一个路径选择：先做规模还是先做价值。在互联网时代，许多企业都倾向于先做规模，做到了一定的规模后再去提升价值。按商业的逻辑，企业是需要一定规模的；按品牌的逻辑，品牌本身就要有一定的市场占有率。成功的企业最后都把规模与价值做到了较好的统一，但企业在初创期需要规划自己的优先级。在新茶饮企业都把规模作为优先级的时候，也许给把价值作为优先级的新茶饮企业创造了机会。

8. "稳定与高效"的供应链优化

新茶饮的原材料大多数都是非工业化、非标准化的食材，其中又有一些必须新鲜的食材，而消费者对拿到手的产品要求是新鲜的和标准化的，这对供应链的要求很高。当新茶饮企业的终端店跨区域甚至跨大区经营以后，对供应链的要求就更高了。供应链的高效与稳定不仅是终端产品品质的要求，也是企业成本的要求。

9. 引入投资要谨慎

选择了规模优先路径的新茶饮企业，在发展过程中需要投入大量的资金，所以对外融资就不可避免，甚至会有资本主动找上门来。但新茶饮企业对资本的引进必须有所选择，陪跑周期过短甚至要求对赌的资金一旦进入，往往会导致企业的战略目标变向和经营动作变形，如此，可能会对企业的发展带来不良影响。

附录五
中国茶业六大关键词（2021）

（2022年1月5日发表于公众号"茶业商学"）

构架：欧阳道坤

执笔：田友龙

编审：杨京京

修订：欧阳道坤

辞去2021年，迎来2022年。

致力于茶企业成长、茶产业升级、茶行业进步的中国茶业商学院，谨慎审视过去的2021年，试图从中发现中国茶业的趋势与方向。

传统原叶茶依然是中国茶业的主板。我们回顾2021年中国茶业的时候，大胆预判了传统原叶茶这个赛道正在收窄，在收窄的历史过程中，必然是内部竞争加剧，行业分化与创新加速。

对于2021年的中国茶业，我们尝试着归纳出了六个关键词：

品牌两极化，品饮便捷化，赛道多样化，渠道立体化，流量私域化，资本不喝茶。

1.关键词之一：品牌两极化

2021年，中国传统茶企遭遇了困难。

但在困难之中必有亮点。

亮点一：头部品牌效应突显。

亮点二：个性小微茶企增多。

在营销上，这种现象被称为"品牌两极化"。

茶产业是传统产业，但经过多年的市场进化，头部效应已有积累。

2021年，双十一淘宝电商平台上TOP100的茶行业店铺的交易总额为4.25亿元，其中TOP10的店铺的交易总额为2.29亿元。TOP10的上榜者为大益、CHALI（茶里）、馥益堂、晒白金、八马、中茶、茶颜悦色、陈升号、天福茗茶、艺福堂。这一组数据已经把头部品牌效应展现得很明显了。

产业经济的基本逻辑是"大树底下不长草"，但茶产业却并非如此。

2021年的传统原叶茶行业，头部品牌突出，个性小微茶企数量也在增加。企查查数据显示：2021第一季度茶企注册数量同比增长17.3%，新增茶企六万多家，新增茶企排名前三的省份分别是广东、福建、云南。广东的茶企旨在把玩家与收藏做到极致，福建茶企旨在把品种与工艺做到极致，云南茶企旨在把山头做到极致。

这就是传统原叶茶的另一极 —— 极致个性化。

中国茶的品类多样，所以自然环境复杂，工艺流派繁多，喝茶方式多元，这是培育极致个性的沃土。这里所说的极致个性包括茶树品种的极致个性，微小产区甚至山头的极致个性，茶园栽培的极致个性，制作工艺的极致个性，等等。

此外，个性茶爱好者的数量也在不断增多。在产与销两重力量的相互作用下，个性茶不断细分，追求极致。

作出个性似乎不难，难的是做到个性的极致，并持之以恒，抗得住诱惑，耐得住寂寞。

两极化的背后是中国传统原叶茶消费者的演变逻辑。如果把茶当作消费品，消费者会逐渐倾向于大品牌，然后会有一部分茶的消费者变为茶的爱好者，甚至再变为茶的发烧友。茶的爱好者和发烧友，就是极致个性茶的追随者、消费者和推动者。

由此，我们特别警示：茶企业面向未来，要么奔向品类头部，要么回归极致个性，中间地带都是不安全的。

2. 关键词之二：品饮便捷化

传统原叶茶的冲泡与品饮方式都有讲究，受泡茶器具、水质与水温、冲泡技术与流程、喝茶的环境与心情等因素影响的一套喝法不仅复杂、麻烦，而且费时，却能让茶更好喝，让喝茶有仪式感，这是中国茶的魅力所在。

但是，这套讲究的喝法受到时间、场地和器具的三重限制，对泡茶技术的要求也太高了。

这套喝法在技术上挡住了茶的入门级消费者，在便捷性上不适应现代生活的快节奏和多场景，严重制约了原叶茶的消费量。

其实，传统原叶茶企业早已意识到了这个问题，也都在寻求原叶茶的"妥协喝法"：既能基本保留原叶茶的魅力，又能让喝茶简单化、便捷化。

2021年，在这个方向上出现了一番新景象：如普洱茶的非紧压沱茶（恒印茶业），安化黑茶的轻压茶（惠和堂茶业），福鼎白茶的mini紧压茶（品品香茶业），都可以杯泡或闷泡；数家茶企开发出了适合杯泡的红茶（润思茶业）、适合杯泡的武夷岩茶（艺福堂茶业）、适合杯泡的黄茶（抱儿钟秀茶业）；很多茶企推出了适合入门级消费者的原叶袋泡茶。

也许有那么一天，中国六大茶类都能像绿茶一样冲泡简单，那样的话，中国传统原叶茶的消费量必将大大增加。

3. 关键词之三：赛道多样化

"大产业、小企业，大品类、小品牌"是中国茶的现状。其实，中国茶的从业者也并非都是"小富即安"，怀揣梦想与情怀者大有人在。为了把中国茶业做大做强，把自己的企业做大做强，茶界同仁一直在努力。

中国名优茶的地域性要素，在理论上限制了垂直品牌的规模。

碎片化的供应链也使得茶企的规模受限。

去地域化的标准化大单品战略还未成形，整合供应链和引导消费者都需要时间。

茶企怎样实现规模的增长？不少茶企早已经尝试打破自我边界，走多元化经营之路。

还有的茶企在原先的赛道上无法形成竞争优势，于是积极探索新赛道寻求自我突破。

经过多年的实践，2021年曙光初现。

赛道多样化的一个思路是做品类加法，即以原叶茶为基础，夯实核心产品的竞争力，在高品质的基础上，针对不同的细分市场推出不同的品类品牌，从而增加市场竞争力。做品类加法的标杆企业是竹叶青，其绿茶品牌有论道和竹叶青，花茶品牌是碧潭飘雪，红茶品牌是万紫千红。

赛道多样化的另一个思路是创造新品种。中国茶界并没有外界想象得那么保守，对新思想和新事物的接受还是比较快的。传统茶企业运用新技术、新工艺打造新品种，不少传统茶企推出采用萃取技术的各种速溶茶，也有多家传统茶企悄然进入当下火热的新式茶饮赛道，这些茶企中就有大益、八马、正山堂、湖南省茶业集团等头部企业。

值得一提的是贵茶集团，在持续优化传统原叶茶经营的基础上，大举进入抹茶赛道，贵茶集团的抹茶业务的规模已经成为中国第一、世界第二。

但是，我们要特别警惕："聚焦"是现代企业的经营法则，不相关的多元化是危险的，相关的多元化也必须遵循基本原则。比如，部分供应链和管理后台可以共享，但品牌必须独立，经营团队必须独立。

4.关键词之四：渠道立体化

艾媒咨询研究表明：2021年中国消费者选购茶叶的三大渠道

分别是电商平台、茶叶专卖店和线下商超。不仅如此，茶企在"直播热"的助力下不断进行线上渠道的多元化建设，短视频直播带货也成为茶企常态化的销售策略。渠道立体化已成为中国茶企的常规战法。

2021年，茶企在渠道立体化建设方面的表现可圈可点。

就线上渠道而言，茶企在平台电商、社交电商、短视频、直播卖茶方面全面发力。

就线下渠道而言，其已基本覆盖专卖店、茶城、店中店、店中专柜、特产店、旅游渠道等。此外，茶企还在积极开展跨界渠道和创新渠道的探索，而且业绩不俗。传统茶企在商超板块的表现亮点不多，还需努力。

需要指出的是，渠道的开发与运营需要较强的专业性，茶企要量力而行。对于新兴渠道，茶企切不可盲目地跟风而上。此外，渠道与产品是密切相关的，脱离自有产品进行渠道建设，茶企必定得不偿失。

5. 关键词之五：流量私域化

许多茶企一直在进行流量私域化操作，不少茶企在2021年基本构建了独具茶产业特色的"购物助手＋话题专家＋私人伙伴"的私域流量闭环模型。

当然，相对于其他行业，茶产业的私域流量池还不大，但假以时日，其一定能为中国茶插上腾飞的翅膀，助力中国茶走得更快、更远。

当然，把公域流量引流到私域，需要基于优质内容的用心经营与创新经营，而不是无底线地蹭热点。与此同时，私域流量需要用心地运营与维护。

6. 关键词之六：资本不喝茶

目前的几万家茶企，只有天福茗茶（06868，HK）在港交所主板上市。在A股的4000多家上市公司中，没有一家茶企。

冲击A股，中国茶企一直很努力。仅2021年就有中茶集团、八马茶业、澜沧古茶三家头部企业冲击A股上市。可惜澜沧古茶临阵撤退；八马茶业更是命途多舛，先是在9月份中止计划，然后在12月份恢复审核；中茶集团也还在上市路上潜行，佳音未至。

"A股喝上茶"，还得耐心等待。

资本不钟情于茶，其原因是多方面的。

第一，大部分茶企采用的是从茶园到茶杯的全产业链模式，不符合现代产业分工协作的精神，茶企的管理也难以规范化；第二，茶产业的农业属性强、技术含量低，生产没有完成工业化，产品没有完成商品化；第三，面对中国茶的地域品种太多、太杂、太分散的现象，茶企没有找到清晰的商业模式。

茶企上市的口号喊了很多年。一方面，我们茶企对于资本市场的基本规则与核心要求还缺乏起码的了解和把握；另一方面，在茶行业基本特点的背景下，茶企的商业模式不明确，茶企持续增长并持续盈利的商业逻辑不清晰。

7. 结语

中国茶业，既没有洋为中用，也不能古为今用，我们都在路上。

消费者的迭代，商业环境的变化，技术与工具的进步，永远不会停止。

茶企要么洞察变化，应变求变；要么在万变中把握不变，持续进行优化。

附录六
中国茶业六大关键词（2022）

（2023年1月4日发表于公众号"茶业商学"）

构架：欧阳道坤

执笔：田友龙

编审：杨京京

修订：欧阳道坤

2022年太不平凡！

2022年1月5日，我们推送了"【年度重磅】中国茶业六大关键词"这篇推文

今年，我们继续。

2022年，在遇到前所未有的困难时，茶企并没有"躺平"，而是直面困难、大胆求变、积极作为。

盘点过去的2022年，我们提出了中国茶业六大关键词：茶业滞涨、直播卖茶、跨界破圈、产品两极化、供应链升级、回归本分。

盘点过往，是为了启发思考、指引未来。

1. 关键词之一：茶业滞涨

茶业滞涨具体表现为中国茶成本上涨、中国茶的销售量下降。

（1）茶成本上涨。受生产方式、人工成本等诸多因素的影响，中国茶的生产成本每年以10%左右的增幅持续上升。2022年，受异常气候等因素的影响，中国茶的生产成本进一步攀升。据中国茶业商学院的观察、调研和分析，2022年中国茶的生产成本的上升幅度在20%左右。

2022年初，茶产区普遍受灾，这不仅降低了春茶的产量和质量，还推动了原料茶价格的"跳涨"。

（2）茶销售下降。2022年，中国茶业面临二十几年来最大的困局，不仅茶成本大幅上升，茶销量也出现了明显的下滑。据中国茶业商学院的调查与分析，中国茶的全年同比销售量预计下滑20%左右。

茶企主动或被迫将销售搬到线上，通过平台电商和直播带货来弥补线下销售的损失，但又遭遇多地区的物流反复中断的情况，造成订单无法交付、大量订单被退货，线上销售也受阻。

"滞涨"之下，茶商和茶企的营收、利润双双下降，茶农的收入也大幅减少。

2. 关键词之二：直播卖茶

2020年春茶季节开始兴起的直播卖茶这一模式，在2022年呈现出热火朝天的景象。

茶农、茶商、茶企、茶馆、茶店等几乎全员参与。

抖音、视频号、淘宝、京东、小红书等全平台均有涉猎。

生产、茶园、仓库、生活、茶店、茶台等场景直播全上阵。

但是，茶叶在任何平台都是小众品类，流量小是客观现实，也将是长期存在的问题。直播卖茶月销售额过千万、单场销售额破百万的情况并不多见，且许多茶品牌多用满减抵用券、一折秒杀等超级促销手段来打动用户，常态化销售能力不足。同时，直播卖茶的门槛低，人人都可直播卖茶，因此假冒伪劣产品不少，伤害了用户，也伤害了行业声誉。

当下，直播卖茶已经从网红带货升级为团队流水线标准化作业。茶企业的营销团队需要制定精准的产品策略及营销策略、系统的内容规划，构建多样化的直播场景，打造好直播脚本，如此才能接近和亲近用户；同时，要加强团队建设，打造一个相对可持续、可复制、可运营、符合"全民直播"特点的主播群，这才是茶企直播发展的方向。

3. 关键词之三：跨界破圈

营销破圈是各行各业都在讨论的话题。

面对市场不景气的难题，许多茶企寻求非业内的合作伙伴，想要发挥不同类别品牌的协同效应来提升销售量，因此茶行业的跨界营销大行其道。

2022年，茶企在跨界路上进行了大胆的探索，亮点很多。例如，竹叶青与舞蹈诗剧《只此青绿》共同推出了全新联名IP产品，"小罐茶"联手"五粮液"打造茶酒文创超级单品"来自东方的礼物"茶酒礼盒。

许多茶企十分重视品牌概念的匹配性、产品的互补性、用户的相关性、市场的非竞争性，因此在跨界方面取得了不错的市场成果。

跨界破圈包括联合开发新产品、渠道共享、联合互动等，也包括借用另一行业成熟的概念和技术来实现功能上的跨界。

茶企也在传播和推广上积极破圈，包括在其他行业媒体和公共媒体上发文、邀请行业外大咖参与推广活动等。

4. 关键词之四：产品两极化

许多茶企一直走文化茶路线，擅长做高端茶，但其低价茶也引起了很大的关注。2022年，竹叶青与小罐茶等行业头部品牌强势进入低价茶赛道，还有金兰春等茶界新秀全力出击。中国茶业商学院认为这可能即将开启一个新的产业风向，详情可见公众号推文——"生活茶，新风向"。

中国茶叶流通协会的统计数据表明，2021年中国茶的内销均价为135.5元/kg，所以中国茶的市场主流还是低价茶，也被称为"口粮茶""大众茶"等。低价茶以无品牌的毛茶、散茶为主，而生活茶是指在低价茶板块中切分一部分出来，对这一部分的茶进行品牌化操作，并进行全新的运营。

产品新标准：去产区化，弱文化性；品质恒定，口感普适性强，品饮便利；绝对价格低，低品饮成本；颜值高、简约时尚。

运营新体系：标准化、规模化，需要庞大的体系进行支撑。

供应链定成败：生活茶走低毛利路线，其成本控制十分重要，因此企业的供应链管理能力是决定成败的关键。

5. 关键词之五：供应链升级

2022年，茶企的经营压力很大，因此"节流"成为首要任务。

"节流"中有一个十分重要的工作就是供应链升级，即让供应链的效率更高、反应更快、成本更优、品质更稳，以增强企业的盈利能力和整体竞争力。

2022年，小罐茶、竹叶青、品品香等多个头部品牌企业加大了在供应链升级方面的投入。供应链升级的核心内容包括以下几点。

（1）反向整合和管理供应链，以市场为标准打造合理的供应链管理体系，提升供应链的整体协同能力，降低供应链的整体协同成本。

（2）优化供应链结构，减少供应链环节，降低交易成本。

（3）进行供应链的专业化升级与规模化扩容，提升供应链的品控能力和规模化能力。

（4）重构品牌茶企与供应链的关系，使二者之间的关系从利益博弈的交易关系转变为利益共享的战略伙伴关系。品牌茶企与供应链应高度统一价值观、高度统一思想，从而激发创造力，共同创造美好未来。

与此同时，头部品牌企业都在精制、分装、仓储等核心环节加大了投入，包括对机械化、智能化、数字化设备进行改造和升级，从而在品质、效率、成本等关键要素上筑高品牌竞争壁垒。

6. 关键词之六：茶企回归本分

开茶加工厂的经营者，热衷做品牌、开茶店；开茶店的经营者，热衷建工厂，甚至买茶园；当然也有种茶的个体去建工厂、做品牌、开茶店。

过去很多年，中国茶业流行的全产业链模式，本质上是各个环节的从业者不满足于自己环节的利润，而眼红上下游环节的利润。由这种想法推动的全产业链模式，在茶业高歌猛进、量价齐升的周期里运行得较为顺利。但当茶业遇到低增长甚至负增长的局面时，全产业链模式就难以首尾兼顾了。2022年，中国茶的成本上升与销售量下滑，使得全产业链模式环节多、链条长、协同效率低、综合成本高的缺点凸显了出来。

2022年，很多茶企终于缓过神来，开始了回归本分的"减法行动"，就是舍弃掉自己不擅长的环节，回到自己最擅长的环节，而且集中精力、集中资源，优化、升级自己擅长的核心环节，"在核心环节上做加法"，提升茶企的核心竞争力。

茶企可以将核心竞争力与产业链运营模式进行匹配，从而进行精准定位。

企业擅长农业，就回归育茶种茶；

企业擅长加工、品控和供应链管理，就聚焦生产；

企业的品牌能力强、营销能力强，就聚焦做产品品牌；

企业擅长零售和门店运营与管理，那就专注于渠道。

茶企回归本分，会使得茶产业链分工更为明确，这将加速中国茶业的现代化进程，值得期待。

附录七
中国茶业的"囚徒困境"

（2023年1月20日发表于公众号"茶业商学"）

构架：欧阳道坤

执笔：田友龙

编审：杨京京

修订：欧阳道坤

"囚徒困境"是博弈论中的经典案例。

案例讲的是A和B两个犯罪嫌疑人在作案后被警察抓住了，分别被关在不同的屋子里接受审讯。警察知道二人有罪，但缺乏足够的证据，警察告诉二人：如果两人都抵赖，各判刑1年；如果两人都坦白，各判刑8年；如果两人中一个坦白而另一个抵赖，坦白的放出去，抵赖的判刑10年。结果A和B都选择了坦白，各领得8年刑期。

"囚徒困境"揭示了一种社会现象：每个人都守规矩时，若出现一个不守规矩的人，他就会获得好处，"劣币驱良币"由此而来；如果每个人都不守规矩，则人人都会失利，最后导致行业"整体坍塌"。

"囚徒困境"在商业上广泛存在。企业在制定经营策略时，如果只制定对自己有利的策略，而无视行业规则、忽视"你好我也好"的总体利益考量，那么企业虽然会在短时间内获利，但导致的最后结果是整个行业都不怎么样。

中国茶行业不乏"囚徒困境"的案例。

此文旨在引起全行业的重视，并呼吁行业同仁积极寻求解决之道。

1. 对公用品牌的伤害

中国茶行业的"囚徒困境"会对公用品牌造成巨大的伤害。

中国茶采用的是公用品牌引领下的产品品牌成长模式。公用品牌作为公共资源，茶农、茶商、茶企都可以对其进行使用。

区域公用品牌不知名的时候，大家做茶都还是"货真价实"，而一旦公用品牌的知名度扩大了，假冒伪劣产品也就随之而来了。

公用品牌的知名度越大，假冒伪劣产品的收益也就越大，其对公用品牌的伤害也越大。

为防止这种伤害，产区政府和协会一直在积极作为，通行的办法是内部加强规范管理、外部加大打假力度。

在内部加强规范管理方面，产区政府和协会并没有找到很有效的方法，其监管手段、处罚办法等都不健全，也难以严格执行。

在外部加大打假力度方面，产区政府和协会的作为更多一些。许多全国知名茶产区的政府和协会很早就成立了打假办，并持续加大打假力度。

茶叶区域公用品牌的建设、管理与维护，是中国茶业的一道难题，任重而道远，需要茶行业共同努力。

2. 普洱茶的困局

普洱茶的大叶种、后发酵，以及越陈越香的特征，使其具有丰富的产品魅力、极高的品饮价值，这让普洱茶具备了金融产品的属性。

于是，部分收藏者、投资者细分出了各具风味的山头茶、古树茶、年份茶、大师茶等，努力构建细分的价值体系及升值路径，以进一步提升普洱茶的收藏、投资、品饮价值。

但事与愿违，普洱茶很快走向了"喝少藏多"的市场怪相：人们的收藏、投资意愿过高，而品饮意愿很低。这引发了诸多乱象：

普洱茶的山头茶横行，小微山头茶也很多；价格更乱，19.9元的老班章在互联网购物平台随处可见；投机横行，炒作成风，屡拍天价；年份无标准，仓储不规范，制假、售假现象屡屡发生。

若要使普洱茶在产、销、存、消四大环节保持动态平衡、健康发展，则普洱茶从业者就必须采取一致行动，从"囚徒困境"中走出来，构建良好的市场秩序和产业秩序。

3. 白茶野蛮生长

白茶曾经以外销为主，内销起步晚，但经过十来年的发展，其内销量已占全国茶叶内销总量的3.06%。2021年，白茶的内销量高达7.05万吨，其增长可谓相当快。

疫情之下，中国茶业整体低迷，诸多茶类遭遇困难，而白茶却保持逆风飞扬的状态，可谓一枝独秀，形势一片大好。

但白茶也有隐忧——野蛮生长。

白茶以"男女老少通吃"的产品魅力形成了独有的品类优势，并以"一年茶，三年药，七年宝"的大众认知打开了市场。在福鼎官方发布的2017年、2018年福鼎白茶系列产品市场参考价中，白牡丹茶的参考价每年上涨30%左右。这个参考价一方面规范了市场，另一方面也助推了老茶收藏热。

白茶的新茶就很有品饮价值，但若存放三年、存放七年则会出现别具魅力的品饮价值。

但近几年，白茶的营销开始向收藏、投资靠拢，茶企、茶商、收藏者、投资者、各路投机者都想从白茶的收藏、投资里面赚一笔快钱、大钱。至于当下有多少白茶被喝掉、未来会有多少白茶被喝掉，大家似乎顾不上关心这些关乎白茶产业健康、持续发展的问题。

收藏热和投资热还催生出了诸多概念茶，如山头茶、大树茶、荒野茶、古法茶等，使得白茶的价格一路攀升。

白茶，作为本来很亲民的茶，正与大众消费渐行渐远。

白茶的所有从业者必须及时采取统一行动，避免落入"囚徒困境"，防止白茶走普洱茶的老路。

同样需要引以为戒的还有安化黑茶、泾阳茯茶、湖北青砖茶、梧州六堡茶等。

4. 今天与明天的博弈

"囚徒困境"的短期效应是个体获利而群体受损，长期效应则是全体受害、整体坍塌。

区域公用品牌的产区从业者、普洱茶的从业者、白茶的从业者，并非不懂得"大家好才是真的好"的道理，但是，如果个别"囚徒"破坏共同规则而大获其利，且又得不到惩处，那么茶产业的生态就会遭到破坏。

区域公用品牌的成长是一个漫长的过程，需要产区从业者在共同的价值观之上共同努力，还需要辅以品牌建设的专业化操作。所以，一个成功的区域公用品牌来之不易。

但是，毁掉一个区域公用品牌却很容易，在中国茶领域，长期努力甚至数代人努力而打造的区域公用品牌毁于一旦的案例不是个案。

从集体行为上看，"囚徒困境"是指从业者只顾自己的利益而不顾整体的利益。

从时间轴上看，"囚徒困境"是指从业者只要今天的利益而不要明天的利益。

5. 走出"囚徒困境"

中国茶业在诸多方面已经陷入"囚徒困境"之中，但从业者不必过于焦虑，产业从小到大的发展过程，就是从乱到治的过程，也是走出囚徒困境的过程。当然，这需要管理者和从业者积极作为，一是提升共同认识，二是采取一致行动。

对于没有历史积累而有志打造公用品牌的产区，就不应该重复历史公用品牌"从乱到治"的老路，而是应该提前做好系统的规划和设计，并制定完善的规则，从而避开"囚徒困境"的陷阱。

以茶叶区域公用品牌为例，若要防范或走出"囚徒困境"，从业者可从以下几个方面做起。

（1）设立独立机构。从业者可以在茶行业协会设立一个公用品牌监督与管理的独立机构，或由茶行业协会委托第三方专业机构进行公用品牌的监督和管理，只对公用品牌负责，以保证监督管理的独立性。

（2）制定统一规则。制定明确的、清晰的、专业的、具有刚性标准甚至具备法律效力的统一规则。

（3）严格进出机制。严格准入机制和退出机制，规范准入流程和退出流程，保障良性经营秩序。

（4）完善监管体系。完善"市场机制＋产业机制"的双重监管体系，规范所有市场主体的经营行为，让从业者不能做"囚徒"。

（5）加大惩处力度。明确惩处条款，加大惩处力度，让"囚徒"无利可图、得不偿失，从而让从业者不敢做"囚徒"。

（6）建立完整的信息系统和有效的沟通机制。各方信息的公开、透明、可验证，可以使市场各个主体之间的信息对称，这会让"囚徒"失去生存的基础。

（7）加强道德建设。由于职业操守和从业道德是很重要的行业基础，因此从业者应充分发挥行业协会的作用，通过文化基础建设，规范自身的行为，自觉坚守道德底线，主动抵制各种诱惑。

中国茶业从传统走向现代化的过程，是一个艰难和漫长的过程，不可能一蹴而就。

只要茶行业全体同仁回归经营本质、尊重茶业规律，面向未来相约同行，中国茶业就一定能够摆脱"囚徒困境"，拥有更光明的未来。

附录八
【年度重磅】中国茶业六大关键词

（2024年2月8日发表于公众号"茶业商学"）

构架：欧阳道坤

执笔：刘永占

编审：杨京京

修订：欧阳道坤

中国茶业商学院认为：中国茶业正在进入新发展周期，表现在中国茶产业链的分工在加速，中国茶生产的工业化在加速，中国茶产品的品牌化在加速，中国茶的创新赛道更是在加速迭代。

过去的2021年、2022年，中国茶业商学院连续两年总结了中国茶业的六大关键词。

今年，中国茶业商学院继续梳理中国茶业2023年的整体情况，归纳出了2023年中国茶业的六大关键词。

1. 关键词之一：市场过山车

在2023年的1—4月，茶业产销两旺，很多茶企销售量的同比增幅达30%～40%，令人欢欣鼓舞！

在2023年的5—6月，茶业市场显出疲态，茶企销售量的同比增幅收窄至10%左右。

从2023年7月份开始，茶企销售量的同比增幅报出负值，同比下降10%～20%。

中国茶业商学院尝试解读这样的"市场过山车"现象：

（1）2023年年初，供给侧的企业憋足了一股劲儿，需求侧的消费者开始进行报复性消费。

（2）1月份的春节是中国茶业的销售旺季，而春节过后，中国茶业就进入了春茶季。礼品茶是很多消费者在春节时的刚性需求，春茶是很多爱茶之人的刚性需求。

（3）下半年，在多种原因的综合作用之下，居民消费掉头向下。

面对"市场过山车"，很多茶企和茶商遭遇了挫折，而"体质好"的茶企和茶商则从容应变，及时调整了自己的战略。

2. 关键词之二：深度两极化

（1）消费两极化。一极是高价茶的销售情况比较好，甚至出现了追捧天价茶的现象。另一极是低价茶的销售量巨大。与此同时，中档茶的销售情况不佳。

（2）产品两极化。2023年，茶产品更明显地表现出了两个维度的两极化。一个维度是茶产品品质特征的两极化：追求极致的个性化与追求规模的标准化。另一个维度是茶产品价格走向的两极化：逐年走高的高端化与逐年走低的大众化。而中间品质的茶产品和中间价位的茶产品陷入了两头不落好的尴尬境地。中国茶产品如此明显的两极化现象是短期现象还是长期趋势呢？这个问题值得我们深入思考和持续关注。

（3）品牌两极化。在消费两极化和产品两极化的驱动下，茶品牌也表现出两个维度的两极化。一个维度是基于目标用户的两极化：坚持个性化的小众品牌与追求规模化的大众品牌。另一个维度是基于综合定位的两极化：高端品牌与亲民品牌。

（4）茶企两极化。茶企也表现出两个维度的两极化。一个维度是企业规模和企业能力的两极化：小而美的企业与大而强的企业。另一个维度是基于用户的两极化：B端企业与C端企业。

这是茶企在产业链分工过程中的一种选择。分工，才会让茶企更加专业、更有效率。

3. 关键词之三：超级工厂

"小罐茶"率先提出并研发、建设了中国茶业的第一个超级工厂，整体耗资数亿元。

紧接着，"品品香""泾渭茯茶""龙王山"也建设了自己的超级工厂；四川洪雅县的"瓦屋春雪"建成了精巧版的超级工厂；"徽六"升级了智能化工厂；"竹叶青"也在大手笔地建设自己的超级工厂，该工厂计划于2024年建成，2025年全面投产。

更多的超级工厂已经在建设中或正在规划中。

超级工厂是中国茶业迈向工业化、智能化的实际行动的体现，其核心是集成"人"的智慧但大幅降低对"人工"的依赖，提升产品品质，提高生产效率，降低生产成本。

与此同时，中国茶的头部品牌纷纷着手整合和优化自己的供应链：

一是减少供应链的环节；

二是提升供应链的规模化能力；

三是加强对供应链的掌控能力。

另外，头部品牌也在建设自己的智能化仓库和数字化配送系统。

在城镇化的大背景下，中国名优茶分散化的种植方式和以手工为主的采摘方式，导致其生产成本逐年升高。此外，随着茶品牌的成长，茶企对包括品质稳定性和成本可控性在内的产品品质的要求更加严苛。

所以，头部品牌茶企都在一手抓品牌建设和市场营销，一手抓供应链的整合和优化。在市场增长乏力的情况下，品牌茶企可以在市场端暂时减少投入，在供应链上加大投入，从而提升品质、降低成本。

4.关键词之四：市场破圈

在存量市场接近饱和的情况下，茶品牌都在尝试进行破圈，寻求自己的增量市场。2023年，新式茶饮的跨界联名活动热火朝天。

2023年，茶行业跨界联名活动也一如既往。继2022年竹叶青与舞蹈诗剧《只此青绿》推出全新联名IP产品、"小罐茶"联手"五粮液"打造茶酒礼盒之后，在2023年春茶季，"竹叶青"联手文化名人品饮春茶，并于12月成为"读懂中国"国际会议的官方合作伙伴，成为亮相大会的唯一茶品牌；9月，"小罐茶"联名岚图汽车推出礼盒；6月，"品品香"与中国网球公开赛跨界合作推出三款联名新品；8月，"八马"携手敦煌博物馆，联动名人举办茶叙活动，并于12月受邀成为"2023中国企业家博鳌论坛合作用茶"。

"万物皆可联名"貌似是一种破圈的趋势，但我们必须清晰地认识到，跨界联名不是万能的，其对茶企的全面创新能力的要求很高。一旦处理得不好，跨界联名甚至会对茶企业的品牌造成伤害。

5.关键词之五：品类延伸

（1）产茶县区（单一茶类）的品类延伸。曾经，一个产茶县区基本只生产一种茶，以一种茶为主体，零星生产一点其他品类茶。近几年，各个产茶县区加快了规模化的品类延伸，其动力来自两个方面：一是消费者的喝茶口味日趋多样化，二是可以增加茶园产出、提高茶农收益。

茶产区需要注意两点：一是在延伸品类方面并不具备工艺优势，需要多学习；二是延伸品类的名字必须独立于传统的区域公用品牌。

（2）垂直品牌（单一茶类）茶企的品类延伸。垂直品牌属于单一茶类的品牌，但不少垂直品牌茶企开始进行品类延伸，为的是提高企业的生产、经营、渠道效率和覆盖更多的消费群体。

垂直品牌茶企也需要注意两点：一是延伸品类不能冲击主力品类的生产和主力品牌的建设，必须明确主力品类、主力品牌与辅助品类、辅助品牌的关系；二是延伸品类必须用分品牌运营。关于分品牌运营，案例之一是"竹叶青"，他们的其茉莉花茶的品牌是"碧潭飘雪"、红茶的品牌是"万紫千红"、白茶的品牌是"宝顶白芽"；案例之二是"品品香"，其年份茶的品牌是"晒白金"、茉莉花茶的品牌是"香朵朵"。

（3）垂直品牌专卖店的品类延伸。垂直品牌自建专卖店或加盟专卖店盈利能力不足的原因之一是品类单一，垂直品牌茶自有品牌的品类延伸受到多种因素的制约。因此，垂直品牌茶企开始尝试找其他垂直品牌定制专供产品，作为辅助品牌丰富专卖店的产品品类。

垂直品牌茶企同样需要注意两点：一是品类延伸不能对品牌专卖的形象造成破坏；二是品类选择应该以客户为中心，品牌选择应该向上兼容，尽量避免向下兼容。

6.关键词之六：直播卖茶

茶叶的农产品属性较强，由此导致直播卖茶鱼龙混杂。直播卖茶中大量的超低价茶、假茶，甚至有害茶，直接伤害的是消费者，间接伤害的是茶叶电商，最后伤害的是整个茶行业。

但从另一方面来看，直播卖茶也给品牌茶带来了挑战和机遇。挑战是品牌茶必须用更多的投入、更好的品质和更高的诚信去赢得消费者信任，机遇是那些被超低价茶伤害过的消费者会转过头来寻找他们信得过的品牌茶。

需要特别提醒的是：直播卖茶确实是一个机会，但这个机会并非适合每个茶叶商家。

关于直播卖茶，中国茶业商学院的基本建议是：

（1）茶企可以去试错，但必须量力而行，不能有"赌一把"的心态，更不能采取"赌一把"的方式。

（2）传统茶企不要因为直播卖茶而分散了自己在传统业务上的资源和精力。

（3）以平常心，做本分事。茶企业如果不具备在直播方面的专业性，则不要轻易尝试直播卖茶。

7. 结语

对茶企业来说，2023年很难，2024年可能更难，茶从业者唯有迎难而上，应变求变。

产业链的纵向分工和茶行业的水平分工，给众多的小微茶企留出了空间，这些小微茶企可以聚焦和深耕自己的优势领域。

中国茶会长期存在，但有的茶企可能会不在了。

在辞旧迎新之际，中国茶业商学院衷心祝愿：

在未来的变局中，胜出者中有你。

附录九
【年度重磅】雾里看茶之产品创新

（2023年12月23日发表于公众号"茶业商学"）

构架：欧阳道坤

执笔：刘千录

编审：杨京京

修订：欧阳道坤

2023年，中国茶业在波动不安中前进。不确定的市场、分散且下沉的渠道、向往而焦虑的电商，让传统茶行业持续分化、自我优化、迭代进化。

面对市场变化与消费者迭代，中国茶业也在加速进行产品创新，以提振经销商信心、让消费者动心。

一、点与面——茶产品创新的内在逻辑

创新本意味着没有章法，但其内在逻辑却相对较为清晰。中国茶业商学院经过市场调研、整理、归纳，尝试总结出了基于茶原料利用方式分类的茶产品四大赛道的创新逻辑与路径，供茶企和茶从业者参考。

1. 原叶茶赛道

原叶茶赛道分为传统原叶茶赛道与原叶袋泡茶赛道，其创新路径分别为品牌表达与产品定价创新、外包装形式创新、内包装方式创新、茶叶风味特点创新等。

2. "茶＋"赛道

以原叶茶为基础衍生出来的"茶＋"赛道，成为近年来的创

新热区，产品层出不穷。该赛道的创新路径分为固体拼配茶创新、调饮茶创新、调饮瓶装茶创新和速溶茶创新等，具体的创新产品如下：

（1）固体拼配茶：小青柑茶、陈皮茶、荷香茯茶、石榴红茶、茉莉花茶、桂花龙井、腊梅龙井等。

（2）调饮茶：奶茶、水果茶、香精调饮茶等。

（3）调饮瓶装茶：冰红茶、茶π、小茗同学等。

（4）调味速溶茶：熊猫大叔、低温冻干粉等。

3.抹茶应用赛道

基于抹茶原料而衍生的应用产品包括抹茶粉、抹茶奶茶、抹茶点心等。

4.深加工茶应用赛道

基于原叶茶成分萃取与风味实现而衍生的深加工茶的应用产品如下：

（1）原味瓶装茶饮料（无添加），调饮瓶装茶饮料，速溶茶。

（2）食品，保健品，护理用品，卫生用品。

二、爆点——茶产品创新的经典案例

1.养生茶路径：原叶茶＋药食同源原料

根据中国青年报社社会调查中心2022年的调研数据显示，近80%的"90后"人群开始关注养生信息，养生呈现全民化、年轻化的趋势。

人们对于养生的关注拉动了基于原叶茶的养生茶创新。陈皮普洱与小青柑的品类创新，将普洱熟茶与陈皮、青柑结合，迎合了消费者理气健脾的养生需求，同步扩大了普洱熟茶的品饮人群，成为近年创新茶品的重要代表。

从陈皮普洱开始，陈皮与茶进行结合的应用产品逐渐扩展。陈皮茯苓茶、陈皮白茶，将陈皮越陈越香的特点与茯苓茶、白茶越陈越香的特点进行概念融合，不仅扩展了原有的茯苓茶与白茶的收藏市场，也提高了茶消费的热度。

此外，还有荷香茯茶、桑香茯茶、石榴红茶、桂花龙井、腊梅龙井等创新产品，但因添加的原料本身热度不高或宣传不够，尚未形成现象级创新品类。

这个方向的经典案例，当属四十年前天福茗茶开发的人参乌龙茶。

2. 调饮茶路径：原叶茶＋香精

面向年轻人群的袋泡茶市场与现制调饮茶市场，原叶茶＋香精制作而成的调饮茶成为创新热点，满足了消费者对果香、果味、茶味等融合风味的需求。其中，在年轻人群中风靡的蜜桃乌龙就是其典型代表，而紧随其后推出的荔枝红茶、椰香乌龙、玫瑰普洱等新品却未引起消费者的进一步追捧。

3. 用户体验路径：包装微创新

除对产品风味与功效进行创新之外，许多茶企业也在包装微创新上体现出了人性化关怀。四川洪雅县的"云中花岭"在罐装红茶的包装盖上安放了一个自带磁性的圆形贴片，用户可以将其轻松取下用于撬开包装盖。"小罐茶·年迹"系列产品在外包装上配置了一个内藏刀片，可以方便用户轻松打开外包装，并且不损坏包装。

三、边界与坑——茶产品创新的雷区

市场变化中充满了不确定性，茶企业在产品创新的实践中探索，试错者众多，成功者寥寥，那些用真金白银试错出的失败案例是全行业的财富。中国茶业商学院提出如下建议，供茶企和茶从业者参考。

1. 慎入新茶饮产品、慎试年轻化包装

袋泡茶成为传统茶企进行产品创新的一个重点。有感于新茶饮的吸引力，不少茶企将原叶袋泡茶、调饮袋泡茶、冻干茶粉、冻干果茶块、茶叶浓缩液、瓶装茶饮料等产品作为新品推出，并配以年轻人喜欢的国潮包装，试图开辟新的年轻化赛道，但均铩羽。

新茶饮产品属于快速消费品，需要企业有足够强的销售能力，这与绝大多数传统茶企的销售能力是不匹配的。此类产品可以作为产品线的补充与辅助，不宜作为主力产品。

传统茶企投资数百万入局袋泡茶但无功而返的案例不是个案。许多茶企认为自己有产业链优势，通过注册新品牌、研发养生茶、在各平台开店、在各渠道引流等方式，试图打开市场，但最终因产品卖点不足、传统渠道不拿货、直播带货无利润、抖音直播无流量、渠道投流产出比过低、卖场商超渠道动销慢，导致项目无法维系而最终夭折，付出惨痛代价。

2. 慎入线下新茶饮、慎开新中式茶馆

茶饮店与中式茶馆两种业态是近几年的市场热点。在资本的推动与媒体的宣传下，一些传统茶从业者认为自身具备多品类茶的供应链优势，有能力进行产品创新和业态创新，但几年下来，尚无一家传统茶企在这两个赛道上跑出来。

目前来看，项目盈利机会渺茫的主要原因是茶饮店的市场竞争已经是红海，且竞争对手多为资本支持的大体量新茶饮品牌，这使得新品牌的进入门槛很高；而新中式茶馆目前尚无可持续性盈利且能复制的单店模式出现，该业态的创新尚需时间。

3. 慎入茶深加工产品、慎做行业先驱者

面向C端消费者的茶深加工应用产品尚处于起步阶段，这个赛道上除了传统茶企，还有许多创业者，但二者的努力都收效甚微。尤其在食品、日用品行业，茶叶深加工应用产品要想获取市场份额，需要更长时间的资本的助力。

传统茶企进入这个赛道的第二层风险是：茶深加工应用产品与传统茶产品，表面上看起来是一家，但二者的消费群体不同、渠道不同、营销方式不同。

传统茶企在这个赛道上几乎没有机会。

四、瞄定人群——茶企产品创新建议

1.为存量客户研发"茶+"新品

企业的存量客户包括经销商、定制客户与复购客户。针对这部分人群的产品创新建议在"茶+"与茶叶包装方面创新，延伸现有产品的第二生命力。

2.为线上公域提供高性价比产品

茶企在专门针对线上人群开发新品时，最好采用分品牌运行的方式，保证最基本的品质，通过弱化标签、降低加工成本、简化包装方式等手段，满足线上人群的核心需求，为线上公域提供高性价比的创新产品。

3.为新茶饮市场提供供应链服务

对于新茶饮与茶深加工应用产品而言，大多数传统茶企可以发挥原叶茶供应链的优势，为新茶饮公司提供品类供应链或品类整合供应链的服务。

五、结语

近年来，中国茶的产品创新令人眼花缭乱，传统茶企跃跃欲试。

中国茶业商学院的这篇年度文章，是对茶产品创新的一种梳理、一种思考，并给出了我们的一些判断和建议，希望大家少踩坑、少走弯路。

行业人士评论

　　欧阳兄对茶产业、茶商业和茶消费有着深入的理论研究。《预见中国茶》深度剖析了中国茶产业的现状和问题，也对未来的中国茶在产品、品牌、营销、茶产业和企业经营等方面提出了非常具有前瞻性的建议，这些建议真实而有力量，于我们从业者，犹如照亮未来的一盏灯。

　　中国茶走过了光辉岁月，但仍面临着巨大挑战。作为从业者，我们将整合产业链、创新茶产品、重构茶文化，向世界展示中国茶在品牌、科技、产品、文化等各方面的新气象。而一颗平常心，正是源远流长的茶文化的时代表达。

　　我相信，中国茶的未来是光明的。正如欧阳兄所言：中国茶的明天在哪里？方向对了，就不怕路远。愿中国茶人团结在一起，积跬步至千里，积小流成江海，以平常心，做非凡事。

四川省峨眉山竹叶青茶业有限公司董事长　唐先洪

　　欣闻道坤兄要出书，凭我对他的了解，我的第一感觉就是，道坤兄的书一定是原创的、实用的、新颖的、前瞻的，换一句通俗的话说，该书一定是"整有用的"。

　　果然，翻阅书的提纲，我就为之一振。该书围绕着中国茶的前世今生、内外世界深度解读，以全新的视角诠释中国茶文化的绚丽多姿，以高度的责任感破解中国茶产业的困境与可持续发展路径，从全球和多领域的角度提出中国茶高质量发展的真知灼见。

　　已见中国茶，已见中国茶，预见中国茶。这本书是道坤兄长期在茶产业一线浸淫、思考、研究的重大成果，是多年来难得的茶叶巨著、经典好书。

　　我认为，这本书对茶圈内外的读者都大有裨益，广大茶人和茶叶爱好者都应该读一读。

八马茶业有限公司董事长　王文礼

欧阳老师长期从事茶产业、茶营销的理论研究与实践探索，在茶产业、茶商业、茶消费、茶品牌和茶营销等方面有着独到的见解与丰富的实践经验。《预见中国茶》延续其一贯的理性思维、商业敏感与产业认知，对我国茶业面临的供需变化、标准化、品牌化等问题进行了深度思考，为我们认识中国茶、研究中国茶、发展中国茶提供了新角度、新思维、新启示，值得研读讨论。

湖南省茶业协会会长　湖南省茶业集团股份有限公司董事长　周重旺

欣悉欧阳道坤先生的新书《预见中国茶》即将出版，首先是期待，同时表示祝贺！

记得认识欧阳道坤先生还是2015年7月在长沙举行的"中国茶业商学院"成立大会上，一晃近十年。之后，我们经常在一些茶事活动、论坛、微信朋友圈讨论、交流茶业的一些观点与现象。因此，《预见中国茶》的问世，是欧阳道坤先生二十多年事茶的心得积累。所谓"预见"，其实是一种探讨、探知，也是一种对茶业的见解、建议。

从该书的纲要可以看出，该书的内容丰富，涵盖面广，观点独到。我非常欣赏欧阳道坤先生这种论著精神。

中国茶叶股份有限公司技术委员会主任委员　危赛明

茶源自我国，是华夏文明一颗璀璨的明珠。

我国茶产业生产端的优势明显：种植规模大、种类多、产品丰富、价格多样。种茶、做茶和研究茶的人多，钻研茶文化和茶道的人也多，懂茶的人更多，而思考茶的人则不多。欧阳院长是我职业生涯中结识的佼佼者！他数十年调研、追问与实践，思考和探索如何根本性改变我国茶产业现状，实现其应有的价值。

据此，他于近期完成了力作《预见中国茶》，书中提出的若干观点，大胆、犀利，在颠覆传统观念的同时，指出茶产业未来的方向。给我印象最为深刻的，也是我认为最具价值的一点是他所倡导的"中国茶简单化、大众化和时尚化"的方向和路径。如能做到这三点，我国茶产业的规模将能得到极大的增长，进而使我国成为真正意义上的茶叶大国。

联合利华中国研究所原所长 蔡 亚

过去的二十几年，是中国茶业高歌猛进、龙腾虎跃的二十几年，也正是在这个黄金时期，欧阳兄走进了茶的世界。

欧阳兄在茶企业实操茶品牌和茶营销多年，后来转身从事茶产业研究、茶商业教育和茶行业服务，他几乎每年都会来到"品品香"。我们讨论中国茶的发展，分享各自的思考和判断。

我很敬重欧阳兄的专注和执着，他对中国茶产业的本质规律及可持续发展有着系统思考，而且还在不断深入，终于整理出版了这本《预见中国茶》。

福建品品香茶业有限公司董事长 林振传

"中国茶，科学的叶子，人文的汤。""中国茶，叶富茶农，汤泽众生。"读了欧阳老师的《预见中国茶》，我很受启发。本书对中国茶尤其是原叶茶的未来走向进行了深刻的思考和剖析，内容丰富，观点犀利，涉及茶科技、茶文化，以及茶企业、茶品牌、茶营销等方方面面，尤其对茶产业、茶商业和茶消费有着独到的阐述，颇具学习和研究价值。

浙江省茶叶产业协会会长 浙江省茶叶集团股份有限公司原董事长 毛立民

中国茶业在传承中依旧是朝阳产业，因为中国茶的种植、加工、消费一直在变化。我们从业者经常感叹："做了几十年茶，越来越不知道怎么做了。"不是真不会做，而是中国茶业变化太快了，我们不得不反思已经有的知识、经验甚至价值观，不得不面对对未来道路的选择。我想这是一种危机感和使命感吧。

《预见中国茶》追寻中国茶业的本质与真相，这也提醒我们，要找到茶业最根本的东西，坚持下去！

中茶厦门茶叶进出口有限公司总经理 赵大川

清咸丰六年，慈禧月享六安茶十四两，曾氏先祖作为徽商代表进入茶行，并于1905年成立"徽六茶庄"。历经百年，"徽六茶庄"已改制为安徽省六安瓜片茶业股份有限公司，我作为第九代传承人，踩着巨人的肩膀，使"徽六"向着品质化、品牌化、规模化的方向发展。

道坤兄的《预见中国茶》，对中国茶产业的问题进行了透彻的分析，对中国茶的发展方向进行了明确的梳理，有高度，有深度，有力度，定会为我们茶业带来新的曙光，为我国茶业发展贡献重要的价值。

道坤兄是"徽六"的老朋友，我们每年都会见面和交流，《预见中国茶》也饱含了他对我们茶企的希望。我们要在传承中创新，推进中国茶业的可持续发展。让我们一起努力！

安徽省六安瓜片茶业股份有限公司董事长　曾胜春

琴里知闻唯渌水，茶中故旧是蒙山。

与欧阳院长相知有一纪了，当他是信阳国际茶城运营公司总经理时，我们便相识了。十二年间，他时常会在博客、微博、专栏上，对茶产业进行观察和评论。每每与欧阳院长请教、沟通、交流茶品牌、茶产业、茶营销和茶文化的构建和夯实时，他总能以敏锐的思维、深刻的见地和实战的案例给我以启发。

《预见中国茶》一书，是欧阳院长集二十年事茶之实践经验而成，书中关于中国茶的底层逻辑、消费业态、产品迭代、模式升级、企业创新等方面的观点厚重、新颖、独特。读之让人耳目一新、责任满怀。

愿此书能成为预见中国茶未来走向的密钥。

杭州艺福堂茶业有限公司董事长　李晓军

欧阳老师有大型茶企的高管经历，所以他很务实、很理性、很客观，同时，他并非茶学专业科班出身，所以他总能从茶外看茶，看得更透彻，视角更独特，更有未来感。每次跟欧阳老师交流，我总能受到诸多启发。尤其对"谢裕大"这样的传统老字号茶企来说，中国茶的传承与创新一直是我们所探索的。

《预见中国茶》有系统的结构、独到的观点、清晰的思路、明确的操作方案，对我们做品牌的茶企业具有教科书般的价值。

"六代人，一杯茶。"世代传承的中国茶，需要我们一代又一代人的努力。让我们共同创造美好未来。

谢裕大茶叶股份有限公司总经理　谢明之

千年的中国茶需要传承，我们需要用创新的思维去探索中国茶的无限可能。

《预见中国茶》可以让我们茶企业和从业者重新定位，重新认识中国茶在新时代的地位，并思考我们前进的方向和步伐。在茶路上，我们都是同行者，让我们用传承与创新相结合的新思路去探索中国茶的无限可能。

我们发展茶产业的初心之一是带领更多的茶农增收致富，最终目标是共建、共享、共富，把茶乡建成宜居宜业的和美乡村。

希望有更多的人阅读和讨论《预见中国茶》。

苍梧县六堡镇黑石山茶厂总经理　石濡菲

我结识欧阳道坤先生，是在中国茶业商学院首期总裁研修班的开班仪式上，后来他成为我最好的老师之一，我经常向他请教公司发展的问题。他给了我很多新的思路和策略，尤其是为我们公司定义了"千秋界，庄园茶"的模式，使我们公司在品质、品牌和业绩上都得到了全面的持续提升。

我拜读了欧阳老师的《预见中国茶》大纲，他以独特的视角深度剖析了中国茶产业的本质与真相，研判了中国茶产业的发展方向，还提供了很多实际操作思路。我觉得这本书是中国茶业发展的一部宝典。

湖南省千秋界茶业股份有限公司董事长　邓卢山

在我看来，欧阳道坤先生是一位茶界少有的值得尊敬的思想者，在与先生十年的交往间，我深深感受到他的真诚、谦和与严谨。他既在茶中，又跳出圈外，形成了全面系统的对茶产业、茶科技和茶文化的独立思考，其思想凝聚在《预见中国茶》中，值得推荐！

日照圣谷山茶场有限公司董事长　高建华

初次见到欧阳院长是在一个论坛上，他担任主持人，并以犀利的评论及言简意赅的风格，给我留下了深刻的印象。后来，我有缘在长沙结识欧阳院长，当面交谈许久后更是被其高风亮节所触动，便一直对他保持着关注。

他是茶行业难得的一位观察者和思考者，针砭时弊、激浊扬清，常能拨开云雾发现本质。得知他的心血力作《预见中国茶》即将出版，一睹大纲后，我对全书满怀期待！

茶行业的发展已经历了"要素驱动"和"投资驱动"两个阶段，正在面临向"创新驱动"发展的关键时期。《预见中国茶》仿佛是黎明前透进的一缕光，带着创新的力量指引着从业者们的方向。

广东八方茶园茶业有限公司总经理　林荣健

欧阳道坤先生是我在中国茶业商学院首届总裁研修班学习时的老师。成为师生之后，我们经常探讨茶产业的发展方向与路径等问题，他给了我很多不一样的思考方向，给了我们"龙王山"品牌提升的信心。安吉龙王山茶叶公司的发展见证了我们的师生之谊。在拜读了欧阳老师的《预见中国茶》的大纲后，我充满了期待。

安吉龙王山茶叶开发有限公司董事长　潘元清

结识欧阳兄十几年，他对茶业的专注和投入、对同仁的直言不讳和毫不保留，在我们茶行业都尤为难得，也使得我们成为路上的挚友。

他对传统中国茶的思辨和剖析，正如他在《预见中国茶》

中所言："我们不能习惯于'他们一直都是这样做的'，而要发问：他们为什么这样做？"他更能着眼未来看今天的茶，在书中分析了消费端的变化、生产端的变化，从而引出商业端的变化。欧阳兄有大型茶企的高管经历，因此在《预见中国茶》中给各种类型的茶企提出了包括思路、战略、框架、战术等多层次和多维度的操作建议。

我认为，《预见中国茶》的出版是中国茶业的一件幸事。

安徽国润茶业有限公司董事长　殷天霁

十年前，半路出家的我，初入茶行业，满怀希冀，又很茫然。在此期间，我在《中华合作时报·茶周刊》上读到欧阳道坤先生关于茶业实操的系列文章，深受启发。欧阳先生长期深入茶产区和茶企，把大家的经验提炼成为方法论，把大家的教训总结为"茶业之坑"，帮助了很多中国茶业的后来者。

记得我第一次跟欧阳先生讨论"英九庄园"的"1＋N"品类供应链模式，他当即提出了更完整的"1＋N＋M"品类供应链模式，并给了我诸多建议。后来，欧阳先生一直关注指导"英九庄园"的发展，我受益良多，更深受感动。

读《预见中国茶》的大纲时，我能感受到欧阳先生付出的心血！

广东英九庄园绿色产业发展有限公司董事长　易振华

在我进入中国茶业商学院二期总裁研修班学习以后，欧阳老师第一次莅临"赏友"，就给了我非常重要的建议，甚至给了我一些批评，促使我对企业战略进行了深度反思，并很快作出了重大调整。之后，欧阳老师每年都会来"赏友"，不仅探讨茶产业发展问题，还给了我很多具体的操作思路。"赏友"的蜕变和发展，有欧阳老师的心血。拜读了欧阳老师《预见中国茶》的大纲，我很兴奋、很期待！

黄山赏友花业有限公司董事长　张奇崖

中国茶行业正在经历一场悄然的变革，有些趋势已经变为现实，有些变化正在发生。我拜读了欧阳道坤老师《预见中国茶》的大纲，尽管不是全书，但欧阳老师在不确定的未来中以深邃的眼光分析中国茶的当下，展望中国茶的未来，使我们在不确定的变化中找到了更多的确定。

茶行业不缺专家，缺的是行业观察家，欧阳老师是我所见到的茶行业迄今为止唯一的行业观察家、产业瞭望者。无论是聆听他的演讲还是拜读他的文章，我都能感受到欧阳老师深刻的见解和独到的思辨，这在当下的环境中尤显珍贵。

让我们在《预见中国茶》一书中遇见自己，遇见未来。

贵州省茶文化研究会秘书长

贵州省绿茶品牌发展促进会副会长兼秘书长　徐嘉民

欧阳先生的新书问世了，这是一部我十分期待的茶产业大作！

我与欧阳先生也是因茶结缘。当年，他是茶行业的经营者，我在做茶产业的投融资。独特的产业切入方式，决定了我需要从商业的底层去思考，全局性地观察茶产业。第一次和欧阳先生聊起中国茶产业，我便对他刮目相看，因为我发现他并非一位简单的茶行业经营者，更是一位对产业有深刻洞见的思考者和研究者。后来，欧阳先生为我在茶产业的投融资方面提供了很多独到的观点和见解，对我准确理解产业现状起到了关键的作用。仔细回想起来，在那个时候遇到他，是我们投资团队的一件幸事。

基于彼此的认同和信任，我向欧阳先生提出希望他能够从企业出来，以更大的格局为茶产业作贡献。这个想法也许更加坚定了他为产业发展而奔走的决心。此后，欧阳先生离开茶企，创立了茶行业企业家共享的知名平台——茶企领袖俱乐部。后来，欧阳先生还与刘仲华院士一起创立了中国茶业商学院，站在更大的平台上为茶产业作贡献。

我常把欧阳先生比作茶行业的鲁迅，因为他是少见的真正为中国茶产业发展呐喊和鞭策的人。在一个领域能够提出要做什么的人很多，但能够提出不要做什么的人却很少，这不仅需要对产业有深刻的理解，更需要超脱于现实利益的底气。欧阳先生敢于讲真话，愿意分享自己独到的观点，这让他成为茶行业很多企业家和从业者的知心朋友，这也反过来帮助他更加准确、清晰地理解茶企的现状。

很多时候，选择往往比努力更加重要。在这个茶叶消费模式新旧转换的时代，我知道茶行业的从业者需要一本书，能够帮助自己明确应该坚持什么、应该放弃什么，这就有如当年欧阳先生的观点对我的工作起到关键作用一样，是意义非凡的。《预见中国茶》就是这样一本有深刻洞见的好书，是欧阳先生二十年茶产业实践和思考的结晶。这些年我也一直催促他尽早把自己的观点梳理成书，让更多的从业者从中受益，现在这个目标实现了！

希望这本书能帮到每一个在茶行业发展中迷茫的朋友，也期待欧阳先生以本书的问世为起点，为中国茶产业作出更大的贡献！

原中国民生银行茶业金融中心总经理　张海鸥